新型农民培训民生工程项目
巩固退耕还林成果农民就业创业转移技能培训项目
农业综合开发培训项目

种植业实用技术培训教材

杨德金 主编

U0271983

中国农业科学技术出版社

图书在版编目（CIP）数据

种植业实用技术培训教材／杨德金主编. —北京：中国农业科学技术出版社，2013.4（2022.1重印）

ISBN 978 - 7 - 5116 - 1268 - 7

Ⅰ.①种… Ⅱ.①杨… Ⅲ.①种植业 - 农业技术 - 技术培训 - 教材 Ⅳ.①S3

中国版本图书馆 CIP 数据核字（2013）第 073466 号

责任编辑	崔改泵
责任校对	贾晓红　马广洋
出 版 者	中国农业科学技术出版社
	北京市中关村南大街 12 号　邮编：100081
电　　话	(010)82109194(编辑室) (010)82109702(发行部)
	(010)82109709(读者服务部)
传　　真	(010)82106624
网　　址	http://www. castp. cn
经 销 者	新华书店北京发行所
印 刷 者	北京捷迅佳彩印刷有限公司
开　　本	880 mm ×1 230 mm　1/32
印　　张	6.5
字　　数	160 千字
版　　次	2013 年 4 月第 1 版　2022 年 1 月第 4 次印刷
定　　价	18.00 元

种植业实用技术培训教材
编　委　会

主　　编　杨德金（安徽省全椒县农业技术推广中心　主任）

副主编　常永才

编　　委（按编写章次先后排序）

葛道林　　袁发华　　彭守华　　陈明桂

姜德元　　金　竹　　刘轩武　　陈少工

韩银平　　怀文辉　　孙　军　　王寿春

於成祥　　钱奋红　　胡献军　　王　兵

前　言

党的十七大报告提出，要"培育有文化、懂技术、会经营的新型农民，发挥亿万农民建设新农村的主体作用"，建设社会主义新农村，一个关键问题是培养一代新型农民。培育新型农民是社会主义新农村建设的重要基础；培育新型农民是统筹城乡经济社会发展的必然要求；培育新型农民是增加农民收入的重要途径。广泛开展各种形式的农业实用技术培训、职业技能培训、劳动力转移培训，是农民增加收入的重要途径。

安徽省全椒县农业技术推广中心是全额财政拨款公益性事业单位，负责全县农作物新品种的引进、试验、示范、培训和推广工作。中心相继承担了跨世纪青年农民培训、富民强县培训、新型农民培训、退耕还林培训、世行加灌培训、科普培训等各类型培训，具有一支稳定的农民培训教师队伍。本书内容是根据培训课件总结整理而成，对农业生产具有一定的指导作用，为此对提供课件和参与编写的同志表示衷心的感谢！

由于时间仓促，书中难免有不足之处，敬请各位读者批评指正。

编　者

目　录

第一篇　作物栽培技术

第二篇　植物保护技术

第三篇　测土配方施肥技术

附　件

第一篇

作物栽培技术

第一章　水稻栽培技术

第一节　水稻优质高产无公害栽培技术

水稻是我国主要的粮食作物，有 60% 以上的人口以稻米为主食。近年来，随着社会经济的发展和人民生活水平的不断提高，市场优质无公害稻米供不应求，普通稻米却难以适应市场对稻米品质日益提高的要求，发展优质无公害稻米生产已势在必行。目前，安徽省全椒县水稻品种多、繁、杂现象严重，不利于统一技术指导和生产管理，有些优良品种由于良种良法不配套难以实现优质高产。水稻在全椒县夏种作物中约占总面积的 80%，所以实现水稻优质高产是农民增收的重要途径。

一、选择品种

品种的选择是决定优质高产的最根本要素，通过近几年的试验示范种植，在安徽省全椒县产量与米质表现较好的籼稻有新两优 6 号、丰两优 1 号、扬稻 6 号等；粳稻有 III 优 98、天协 1 号（9 优 418）等，这些品种的主要特征是穗形较大、耐肥水、生育期一般在 145 ~ 152 天，灌浆期长、产量高、米质优，一般单产在 600 千克，高产可达 700 千克，这些品种中有的达到国家优质米标准。生产上在选择优质高产品种的同时还要考虑进行集中连片种植，统一技术指导和管理，以便实现优质、高产、优价。

二、培育壮秧

培育壮秧是目前推广的优质高产品种重要的栽培技术措施之一。培育好壮秧，首先在栽培时能满足对株行距的弹性要求；其次壮秧是争取大穗和提高结实率的基础，也是增强苗身抗性的基础。

（1）种子处理　浸种前晒种 1~2 天，阳光中的紫外线可以杀死种子表面的病菌，使种子吸水均匀一致，提高种子发芽势和发芽率。浸种时用强氯精或浸种灵等药剂浸种，能有效减少恶苗病、稻瘟病、纹枯病的发生，减少大田用药量。

（2）培育适龄壮秧

①适期播种：根据茬口适期播种，两段育秧秧龄不宜超过 45 天；旱育秧秧龄控制在 25 天以内为宜，麦田、晚稻秧龄不宜超过 30 天。全椒县适宜在 4 月下旬至 5 月上旬播种，播期过早、秧龄长，移栽后分蘖少，不发棵，还会使孕穗及抽穗扬花期遇到高温，降低结实粒，这不仅影响产量，同时对稻米品质的影响也较大。在安全抽穗成熟的前提下，灌浆期昼夜温差大，有利于提高稻米直链淀粉含量，降低垩白度，因此在茬口、温、光条件允许的情况下，应尽可能使灌浆、结实期处于适宜温度范围内。根据近两年的试验、示范，全椒县的这些品种适播期菜茬为 4 月中下旬，麦茬为 5 月上旬，既能获得高产，又能提高稻米品质。

②培育多蘖壮秧：两段育秧在寄秧时应做到寄秧密度每穴控制在 2~3 苗，苗期一定要做到浅水勤灌促分蘖，杜绝深水漫灌，寄秧前要施足基肥，每亩施 30 千克 25% 复合肥加 10 千克尿素；早施分蘖肥，每亩 10 千克尿素。旱育秧在做好苗床培肥的同时，稀播匀播是关键，一般每平方米 80~100 克种子；苗床前期保温保湿，2 叶 1 心时控温控湿，施好断奶肥，苗期一般不浇水，培育多蘖壮秧。注意防治一代二化螟，防止枯鞘苗。

三、合理密植，优化群体

目前推广的几个优质高产品种其分蘖力中等，杂交中稻栽插时要求基本茎蘖苗达 6 万~8 万/亩（1 亩 = 667 平方米），最高茎蘖苗 25 万/亩左右，成穗 18 万/亩左右，一般株行距 13.33 厘米 × 23.33 厘米，1~2 粒种子苗移栽，亩栽 1.5 万~2 万穴。

四、科学运筹肥水，协调群体质量

（1）肥料配置　根据不同品种的需肥特点及水稻田的肥力

水平确定总施肥量，一般亩产600千克施纯氮15千克左右，在施足有机肥的前提下，①氮、磷、钾配合施用，比例为1：0.5：1，如果单施氮肥，不施磷、钾肥，易生病虫，易倒伏。②重施基肥，基肥占总施肥量的60%，移栽前亩施25%复合肥50千克，尿素10千克。③早施分蘖肥，移栽5天活棵后及时追施尿素10千克/亩作分蘖肥，确保栽后20天内发足孕穗苗。④推广使用促花肥、保花肥，抽穗前35天左右，幼穗开始分化，亩施3~4千克尿素作促花肥，提高成穗率，抽穗前15天左右亩施3千克尿素作保花肥，增加穗粒数、提高结实率、增加粒重，促花肥和保花肥的施用对提高大穗型品种的产量和品质尤为重要。

（2）水浆管理　水浆管理的原则是"浅水栽秧、寸水活棵、浅水勤灌促分蘖"。即返青期要保持浅水层；分蘖期湿润灌溉，苗数达到穗数的80%时开始烤田，促进根系下扎和壮秆健株，减轻病虫害的发生；穗分化后灌水并保持浅水层至抽穗扬花期；灌浆成熟期要间歇灌溉，干湿交替；收获前7天左右断水，大穗型品种灌浆期长，断水不能过早，断水过早会影响千粒重、结实率，同时也影响稻米品质。

五、病虫草害综合防治，确保优质高产

（1）秧田期　主要防治稻蓟马、稻象甲、一代二化螟，尤其是一代二化螟，其防治原则是"狠治秧田保大田"，其发生时期一般在5月底6月初，正值农村双抢季节，农民往往忽视这一次防治，造成秧田枯鞘苗多，大田后期为害重，因此必须加强秧田一代二化螟的防治。

（2）大田　主要病害有纹枯病、稻瘟病、稻曲病；虫害有稻蓟马、二化螟、三化螟、稻飞虱等。应采取"预防为主，综合防治"的方针进行防治。首先要加强大田栽培管理，如控制氮肥用量、增施磷、钾肥、合理密植、及时烤田等健身栽培农艺措施，减少病虫害的发生。其次针对不同病虫害，选择高效、低毒、低残留农药及时防治。

①病害防治：稻瘟病的防治不宜使用复配型的三环唑或稻瘟灵，宜使用这些药剂的单剂。纹枯病的防治，当水稻分蘖期丛发病率在 15% ~ 20%，孕穗期达 30% 以上时亩用井冈霉素 10 ~ 12.5 克加水 50 千克喷雾 1 ~ 2 次；近年来推广的优质品种许多含有粳性基因，如丰两优 1 号，稻曲病的发生有加重趋势，一般在破口前后亩用三唑酮乳油 15 毫升对水 50 千克对穗部进行喷雾防治 1 ~ 2 次。

②虫害防治：虫害防治应根据病虫情报，掌握防治适期，如二化螟、三化螟，应在移栽后枯鞘高峰期和破口前后防治效果较好，稻飞虱应在百丛虫量 1 000 ~ 1 500 头开始防治，应选择高效、低毒、药效期长、杀虫范围广的农药进行防治。

③杂草防治：大田防治应于移栽后 5 ~ 7 天选择丁草胺等药剂拌土或与分蘖肥拌匀撒施，并保持浅水层 5 ~ 7 天。

六、适时收获

当 90% 以上稻谷籽粒黄熟时适时收获，过早过迟收获均会影响米质；应采用脱粒机脱粒或收割机收割，避免碾压而影响稻米外观品质；及时晒干扬净、入库储藏。

第二节　直播稻高产栽培技术

一、品种选用

选用符合高产优质，综合抗性特别是抗倒性好，熟期适宜，并经全椒县试验示范成功的省（国）审品种，以早、中熟杂交中籼稻为主，中熟中粳为辅。

二、精细整地

水直播田：要求精细整田，标准达到湿润育秧的秧田标准，"高差不过寸，寸水不露泥"。空茬田播种前 15 天左右耕翻后，浅水诱草，再经耙、耖、平整田面，达到"以水诱草，以土灭草"的效果。对面积大的田块应根据地势高低，筑田埂隔成小块，再在小块田内每隔2.5~3.0米，按"川"字形或"井"字形和沿田四周开好排水沟，以便灌排畅通，提高晒田和药剂除草效果。采用免耕直播的要注意灭茬和土壤软化质量。

旱直播田：整地要做到耙透、耙匀、耙碎、耙实，无明暗坷垃，土壤上虚下实，一般在旋耕后耙平、耙碎土垡播种；秸秆还田的，先翻耕掩茬，再耙碎、耙平土垡播种。旋耕深度在15~16厘米，耕翻深度在20厘米左右。

三、适期播种

适期播种是保证全苗和安全齐穗的关键措施。抓住冷尾暖头，抢晴播种。全椒县中稻品种的播期安排要注意避开抽穗扬花期的高温影响，以4月底至5月初为宜。小麦茬口必须在6月10日前播种结束。具体播期因气候、品种特性及茬口而定。

四、播种量

要做好种子处理和浸种催芽，催芽程度以破胸露白为宜。播种量中籼杂交种1.5~2.0千克，中粳常规种4~5千克，晚粳常规种5.0~6.0千克，晚粳杂交种2.0~2.5千克。

五、播种方式

直播稻类型主要是水直播，水直播可撒播和点播，大面积的直播可用机条播。播种时宜采用与湿润育秧田泥浆播种相同，关键是要确保均匀度，播后轻蹋谷入泥，视天气保持畦面湿润、半旱状态或上浅水护芽。

六、科学施肥

（1）施肥原则 直播稻的施肥必须针对其生育特点，合理施用基肥和追肥。施肥总量在同等产量条件下比手插秧增加5%~10%。追肥采取"少吃多餐"，勤施薄施。

（2）合理肥料运筹 基肥宜采用全层施肥法，即结合稻田耕翻，使腐熟的有机肥分布于10厘米的土层中，并将50%~60%的氮肥、100%的磷肥、70%~80%的钾肥在耙田时一次施入，3 叶 1 心期和 4 ~ 5 叶期分别追施一次氮肥（占氮肥量30%），余下 10% ~ 20% 的氮肥和 20% ~ 30% 的钾肥作穗肥（拔节后）施用。

七、水浆管理

播种后至 3 叶期的科学管理是保证全苗的关键。对浸种催芽的，播后应保持田面湿润，有利发芽整齐，促幼芽粗壮，根系下扎。若遇寒潮，宜灌水层保温护苗。单晚稻见芽后不能有水层，以防烫死幼芽。旱直播的，播后及时灌出苗水，保证一次性早出苗、出齐苗。水直播的当全田总茎蘖苗数达到预期穗数 80% ~ 90% 时开始露田，到幼穗分化前以晒田为主，烤田宜分次轻晒。孕穗至抽穗期应间歇灌溉，以后常灌"跑马水"，干干湿湿，保持根系活熟到老。

八、杂草防除

直播杂草发生较重，防除杂草要掌握除早、除小、除了的原则，把杂草防除在萌发阶段，以综合防治为主，兼顾化学防除。一般水直播田杂草防除：一是芽前处理。一般在播种后 3 天左右，稻芽鞘现青，并长出白色不定根时，每亩施用 20% 丙草胺·苄嘧磺隆可湿性粉剂 40 克，对水 30 千克，均匀喷洒。二是苗后茎叶除草。秧苗 1 叶 1 心期，每亩用 30% 丁苄可湿性粉剂100 ~ 120 克，拌细土撒施。秧苗 3 叶左右，每亩用 50% 二氯喹啉酸·苄嘧磺隆可湿性粉剂 40 克或 2.5% 五氟磺草胺油悬浮剂60 毫升，对水 30 千克均匀喷细雾，用药后 24 小时左右上水，并稳水。中后期必要时，再用选择性除草剂补施一次。最后再进行人工除杂拔稗 1 ~ 2 次，彻底根除残余的杂草杂株。但用五氟磺草胺的稻田一般对稗草控制较好。

九、病虫防治

直播稻苗较嫩，群体较大，易遭受病虫为害。一季稻要重点做好纹枯病、稻曲病、稻瘟病、灰飞虱、稻纵卷叶螟、稻飞虱、稻螟虫等病虫害防治。要根据病虫发生规律，实行多种病虫的总体防治技术，达到护益、控害、节本、增效的目的。由于直播稻根系与分蘖节常有裸露，所以在施药防治中一定要掌握浓度适当，讲究方法，提高防治效果。

十、直播稻栽培存在的问题

与育秧栽培稻相比，直播稻具有省工省力节本，便于机械化播种和有利于劳力少耕地多的地区稳定水稻种植面积等优点，适应了农村劳动力大量转移的现状。但不容忽视的是，直播栽培在大面积生产中仍存在许多明显的问题：

（1）专用型品种较少　直播栽培的水稻，要求熟期早而产量高，这本身是一个较难协调的矛盾。在根系生长、分蘖特性及苗期和穗期等方面都有特殊的要求，不是目前所有移栽水稻的品种都适合作直播稻栽培。直播稻一般要求根系扎得深而广，高抗倒伏，分蘖节位低但分蘖不要多，即分蘖穗不求多但求大，不易落粒，以便机械收获，而长期以来培育的以及目前生产中应用的品种都是以育秧移栽为对象的，适宜直播的专用型品种较少，难以满足大面积直播生产的需要。

（2）配套技术要求高　一是一播全苗要求准确掌握合理的起点苗数技术难度较大。主要是因为早春直播大田受不稳定的气候影响大，出苗率和成秧率变幅大，因而难以从播种量上加以调控，给整个栽培管理带来难度。二是大田整作质量要求高，杂草防除难度大，苗期管理比较困难。三是播种浅，根系入土不深，后期容易倒伏，对产量影响最大。四是直播栽培要求水源排灌方便，管理及时。

十一、直播稻技术应用的基本原则

（1）坚持试验示范　目前直播稻的迅速发展主要是广大农民的积极性高涨，但是直播稻技术的大面积推广可能受到气候、品种和配套技术的限制，因而不能不顾条件具备与否而大面积推广，全椒县必须根据当地的气候、耕作制度、生产条件等实际，广泛开展试验、示范，在取得成功的基础上，加强技术引导和稳步应用。

（2）坚持合理布局 一是从温光资源上分析，安徽省全椒县属于种植水稻两季不足一季有余的地区，可以说全椒县适宜直播稻栽培。二是在人少地多、劳动力紧缺、机械化水平较高和中低产地区水稻上应用。三是在水源条件较好，灌排方便的稻田上应用。

第三节 超高茬麦套稻轻简栽培技术

超高茬麦套稻技术，是指在小麦灌浆后期套播水稻，小麦割时留高茬，脱粒后的秸秆就地散开、就近埋入墒沟或形成自然条带，任其在稻作期间自然腐解的秸秆还田新方法，是水稻高产优质高效安全生态栽培新途径，属于可持续低碳生产的农业新技术。该技术具有节能减排、耕地培肥、粮食增产、农民增收等特点，可同时带来经济效益、社会效益和生态效益。

该技术集免耕、免育秧、免插秧、免烧秸秆、节减化肥20%、秸秆自然还田覆盖等低碳特点，每亩可减少二氧化碳排放800千克左右。分类明细如下：

（1）免耕节省柴油 2.25~2.75 千克/亩，减排 7.16~8.75千克（按每千克减排 3.186 千克计）；

（2）免插节省机插汽油 0.4 千克/亩，减排 1.23 千克（按每千克减排 3.08 千克计）；

（3）免烧秸秆 400 千克左右/亩，减排 40 千克（按每千克减排 100 克计）；

（4）节减化肥 20%，可减排 18.3 千克/亩（按每亩减氮素4 千克、生产每千克尿素产生 2.1 千克二氧化碳计）；

（5）秸秆覆盖比旋埋减排 65% 甲烷，折减排二氧化碳每亩777.5 千克（据中国农业大学研究资料分析，甲烷温室效应是二氧化碳的 21~30 倍，按 21 倍计算）。

此外，超高茬麦套稻技术的单产，与传统稻作产量持平或高 5%，高产田亩产达 700 千克以上。由于节省秧田，种麦（油）面积还可增加 10% 左右。每亩 500 千克左右的秸秆原地返还土壤，三年里可提高土壤有机质 0.21～0.28 个百分点。农民种粮直接省工节本每亩增收 150 元左右，有利于较大幅度地提高农民的种田效益，确保农业的可持续发展，外出打工的农民也不必请假回乡插秧。

一、前茬要求

较平整，灌排方便。麦田未用绿磺隆或甲磺隆除草剂。上年种植杂交稻或红米稻落地多的田块，麦收割前 20～30 天诱发其自生出齐苗（如春季干旱则麦田浇灌水 1 次）。

二、水稻套播要点

麦收割前 1～3 天套播。选择适合当地耐迟播、确保安全齐穗的大穗型或穗粒并重型品种。常规中粳稻一般每亩播种量 4～5 千克，杂交稻每亩 1.75～2 千克。

套播前 1～2 天药剂浸种，种子有无破胸露白皆可。套播时，可泥团包衣或"旱育保姆"包衣后人工撒播；也可在无鼠雀害的连片套稻地区免去包衣，药剂浸种后的稻种淋干水，用喷粉状态的弥雾机喷播。必须按畦称种、均匀散播，田头地角适当增加播种量，预留备用苗。

每亩撒施配方肥或 45% 复合肥 15 千克左右作种肥。

三、秸秆覆盖还田三方式

前茬收割可人工或机收。机收留茬高度 20～30 厘米。

套稻麦秸全量自然覆盖还出三种方式：方式一，留茬收割后的麦秸就地散开（适用于麦秸 400 千克以下且无杂稻落地自生的田块）。方式二，留茬收割后的麦秸就近埋入墒沟（适用于麦秸 400 千克以上及杂稻诱发齐苗化除的田块）。方式三，留茬收割后的麦秸自然条带（适用于种粮大户和农场、无墒沟的地区，使用可形成秸秆条带状的收割机如新疆 2 号等）。

四、麦收割后30天作业要点

收割后当天最迟第2天杂稻灭生化除：需要灭生化除的杂稻严重田块，除留茬外，其余秸秆全部埋入墒沟，确保杂稻苗全部接触到喷雾药液（套直播稻尚未现青，不会产生药害）；立即抢晴用"41%农达"每亩200毫升对水30千克以上细喷雾（每喷雾器中加入一小匙洗衣粉可增加杂稻叶面黏着性）。

杂稻灭生化除后第2天灌水，田间浸种48小时稻种破胸后，务必确保田面无积水，保持湿润5～7天，促进破胸稻种出芽扎根立苗。2叶期逐步建立薄水层促分蘖。

结合建立薄水层，每亩施碳铵10～15千克或尿素7.5千克左右（杂交稻少施。下同）。

收割后15天左右进行封杀化除：[时期]水稻叶龄3叶以上；薄水层时全田稻苗心叶露出。[用药品种]套播稻专供"苄·二氯"。[用药数量]每亩75克左右。[用药方法与要求]田面湿润，晴好天气露水干后，先将除草剂与少量水稀释，再对水搅拌后细喷雾。手动喷雾器每亩对水3桶、弥雾机对水1桶半（杂草严重地段可重复喷），喷后隔1天建立薄水层。[注意]不得淹没水稻心叶，缺水补水3天。

收割后20天左右：每亩追施尿素10～12.5千克。

化除后7～10天对漏喷的少量杂草和半死的大草人工拔除，就近埋入墒沟作肥料。

如常规中粳稻田间发现类似杂交籼稻的红米稻苗（特征：稻苗较高、叶龄较大、叶色较淡、拔起可见粒型略长、谷壳内残存紫黑色种皮），杂交稻田内发现杂交二代苗（稻苗较高、分蘖较早），务必同时彻底清除。

对于杂草特别严重的田块或地段，针对不同杂草，使用不同的除草剂，折实面积用药挑治。主要杂草推荐药剂及每亩药量：高龄千金子——6.9%骠马40毫升。高龄稗草——6.9%骠马50毫升加套播稻专供苄二氯50克。三棱草、阔叶草——7.5%水星

30 克或 13% 2 甲 4 氯 400 毫升。各类杂草混生用骠马 50 毫升加套播稻专供苄二氯 50 克加 7.5% 水星 20 克或 13% 2 甲 4 氯 300 毫升。[注意] 稻苗必须 5 叶以上；田面湿润；选择当天晴好无雨、不闷热的天气；露水干后细喷雾；按实面积用足药液每亩 2～3 桶（必须手动喷雾器见草喷雾）；药后隔 1 天务必灌水；保持 5 天浅水层（短暂落黄为正常）；挑治化除后 7～10 天，及时清除遗漏杂草和半死的大草，就近埋入墒沟。

麦收后 25 天左右：对超过面盆大小的空白塘，就近移密补缺。方法：人工拔取或锹铲带泥稻苗，抛向空白塘（注意田间为脚印水）。

病虫防治：以防治二化螟为主，同时注意稻瘟病等病虫害的防治，对少量恶性杂草如稗草、三棱草、水竹叶等采取人工拔除。根据当年当地农技部门要求及时防治。

五、中后期田间管理

肥料：对生长量不足的田块或地段，在有效分蘖终止期前（皖东地区粳稻一般为 7 月上旬），每亩尿素 2.5～3.5 千克补施黄塘肥。穗肥用于促花保蘖，皖东地区粳稻一般于 7 月下旬每亩施尿素 7.5～10 千克。因水稻生长后期秸秆基本腐解可供肥，原则上不施保花肥。

水浆管理：达穗数苗后分次露田、切忌重搁田；穗分化阶段间隙灌溉，前水不清，后水不进；打"破口药"保持水层；灌浆结实期干干湿湿，以湿为主。该稻作典型特征之一是后期根系活力强、绿色叶片多，适宜养老稻夺高产并提高米质，因此要适当推迟收割，注意收割前 10 天无雨水时，灌好最后一次水。

病虫防治：7 月份注意防治纹枯病、稻纵卷叶螟、稻飞虱、二化螟，抽穗前 7～10 天要防治稻曲病、穗颈瘟、三化螟等，间隔 7 天再防治一次。

预防倒伏：在破口期，亩用劲丰 100 毫升对水 30 千克，搅匀后均匀喷施于叶面，可预防倒伏，增加产量。

收获储藏：机械收割的适宜收获期为完熟初期，麦套稻应适当推迟收割，收割后将含水量降至14%以下安全贮藏或销售。

第四节　水稻机械插秧技术

一、机插育秧技术

（一）符合机插的秧苗的特点

符合机械化插秧要求的秧苗是以土壤为载体的标准化毯状秧苗，简称秧块。

秧块要求：四角垂直方正，不缺边角。其中宽度要求最为严格，只能在27.5～28厘米范围。秧块的长宽，在硬盘或软盘育秧中，用盘的尺寸来控制；在双膜育秧中，靠起秧栽插前的切块尺寸来保证。

秧块的厚度，通过人工或机械来控制。床土过薄或过厚会造成伤秧过多或者取秧不匀。床土薄，且秧苗脆弱，被秧爪抓取时会弯倒，或秧块中间会隆起，导致秧苗排列混乱。当隆起达33毫米以上时，秧苗和床土便无法被抓取而剩下，从而形成障碍，导致后面秧苗无法下降而发生连续缺秧。当床土厚度达33毫米以上时，秧苗和床土便无法被抓取而剩下，从而形成障碍，导致后面秧苗无法下降而发生连续缺秧。

小结：何为插秧机栽插要求的秧苗？

$$\text{适龄}\begin{cases}\text{叶龄 3.5～4.0，}\geqslant\text{4.5 天}\\\text{秧龄 15～25 天，}\leqslant\text{28 天}\end{cases}$$

$$\text{健壮}\begin{cases}\text{茎基粗扁，叶挺色绿，根多色白}\\\text{苗高 15～25 厘米，单株白根 10 条}\\\text{植株矮壮，无病虫害}\end{cases}$$

$$\text{适机}\begin{cases}\text{盘根带土，厚薄一致（2～2.5 厘米）}\\\text{形如毯，提起不散，尺寸达标 70 克}\end{cases}$$

（二）工厂化育秧

通过水稻工厂化育秧培育出的秧苗均匀、健壮、整齐，为水稻机械化栽插提供较高素质的规格化、标准化秧苗，在南方双季水稻生产地区，尤其是早稻育秧能有效减轻"倒春寒"及烂秧的影响，为农业粮食生产赢得了栽插时间，工厂化育秧这项技术是减轻劳动强度，加快发展机插秧的关键，也是实现水稻全程机械化的关键环节，实施水稻工厂化育秧对于推进粮食生产增产高效具有积极意义。

1. 工厂化育秧技术流程

工厂化育秧技术流程如下：

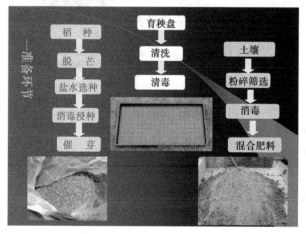

2. 工厂化育秧技术要点

（1）床土准备

①取土：在头一年的下半年晚稻收割后利用空闲时准备来年的用土。

取土量：一亩大田用秧盘 15～28 个，每盘装土量 4 千克，一亩大田需备 100 千克的用土量，二季育秧需准备 200 千克。一般 100 亩 7 立方米土。

②晒干：取回来的土要摊开晒干，含水率控制在 10% 左右。床土选择：最好取稻田土。

对比人工育秧：菜园土、熟化的旱地土、稻田层土、河塘泥、废弃墙土等均可用来做床土。土壤中应无硬杂物、杂草、病

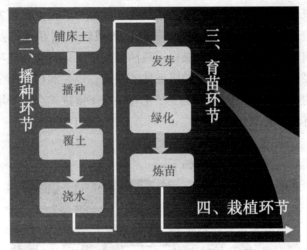

菌少。重黏土分离差，含沙多的土难盘根，荒草地易生草害，均不宜作床土，pH 值 >7.8 的田块、当季喷施过除草剂的田块也不宜作床土。

③粉碎：晒干后的土进行粉碎，粉碎后的颗粒大小直径在 2～3 毫米为床土，直径 1～2 毫米的细土为盖种土（素土），不能成粉状，粉状土易结板没有空隙，不宜秧苗生长。

④过筛：粉碎后的细土进行过筛，去掉夹在土中的杂物和小石头。

⑤搅拌：拌肥用育秧营养制剂，每 300 千克土加入 1 千克营养制剂，营养制剂可使秧苗快发根，土壤消毒后可防止秧苗发生病虫害；调酸的土壤 pH 值在 4.5～5.5。这三种要素可一次搅拌完成，但必须搅拌均匀。搅拌好的土就是育秧用的营养土。

⑥储藏：把处理好的营养土用 25 千克的编织袋装好等来年使用。

（2）种子准备

①晒种：在选种前把种子晒 1～2 天。

②选种：用盐水或泥水选种，选好后可开始浸种。

③浸种：浸种可起杀菌消毒的效果，使种子吸足。

足够的水分，一般含水率在 25% 左右，浸种消毒后就可以破胸。

④破胸：高温破胸就是将吸足水分的种子用 50~60℃ 的温水浸种 35 分钟，再放入破胸室中并保持 38~40℃ 的温度，让种子破胸，破胸就是芽嘴刚刚露白。在这样的温度下，可以保证种子出芽快而整齐，破胸阶段要特别注意它的温度，防止高温烧芽。

注意：发芽最低温度为 10~12℃，最高温度 40℃，最适宜温度为 30~32℃，长时间超过 42℃ 会抑制胚芽和胚根生长，根和芽死亡。破胸前不补水，破胸时要翻种，使种子发芽均匀。破胸后适当补水，注意通风增氧。

（3）秧盘准备　硬盘规格：58 厘米 × 28 厘米 × 2.2 厘米，杂交稻按 15~20 盘，粳稻按 25~28 盘。或活动硬盘加衬套（软盘）。对硬盘进行清洗和消毒。

（4）育秧生产：（摆盘、垫床土、洒水、播种、盖土等 5 道工序）

①床土厚度调试：调整排土阀门大小，调整到张开度排出土正好填满平秧盘，稍有过剩秧盘装土的厚度与秧盘的口面刮平，也就是 2.2 厘米。

②洒水量的调试：铺完床土后进入洒水段，调整水量不能过小或过激，水量过小，土壤含水量不足，过激易冲动床土不平。调整开水阀的最佳状态，使床土处在饱和为宜。

③播种量调试：首先确定每大田的用种量和一亩大田的用盘数量，根据用种量计算每盘所需播种量克数，要多次调整排种速度，一直调到每盘所需要的克数为止。

④盖土量调整：播种结束接着盖土，盖土就是把种子盖实，不要让种子露在外面，一般厚度 2~3 毫米。播种整个程序完成后送进催芽室催芽。

（5）催芽：催芽是根据种子发芽过程中对温度、水分和氧气的要求，利用人为措施，创造良好的发芽条件，使种子发芽达到快、齐、均、壮的目的。催芽最好使用加湿加热器蒸汽催芽，做到适温催芽，温度控制在 30～36℃。催芽时秧盘 10 个一叠，每叠之间要有一定空隙，使得热气能流通，一般要求在 3 天内完成催芽，发芽率达到 90% 以上。芽谷的根要整齐一致，芽长 10 毫米左右，幼芽粗壮，颜色鲜白。适温催芽当芽达到标准时在温室慢慢降温下炼芽，炼好芽后运到大田大棚硬化。最好是早晨，这样可以增强适应秧田环境的能力。如果热芽下田，幼芽受到骤冷刺激，容易产生死芽。晚稻育秧出芽后移出到大田要注意早上出盘，出去之后要及时用遮阴纱遮阳，防止强光照射。

（6）苗期管理

①大棚内的秧苗整理：离开棚四边 30 厘米，均等做三条 1.5 米宽的秧床，秧床要做到实、平、光、直。实：秧板沉实不陷；平：板面平整；光：板面无残茬杂物；直：秧板整齐，沟边垂直。

②大棚秧苗管理：苗盘土要保持湿润，苗叶要保持有水珠，若禾叶出现卷叶要及时洒水，晴天温度过高，大棚边膜要经常打开通风，傍晚把膜盖好注意保温。

（7）秧苗运送大田

①脱盘：育好的标准秧苗进行脱盘准备栽插，脱盘时最好是用和秧盘一样宽的起秧铲起出，然后卷成筒放到运秧架上。

②筒式秧的摆放：运秧架做成多层架，每层只能叠放二筒，叠放多了在运输过程中震动易把秧苗折伤。

3. 工厂化育秧的关键点

一是双季水稻品种要搭配好，二季水稻品种的生育期加起来不超过 230 天。

二是要推算好播种时间，计算好秧龄，一般早稻 20～25 天秧龄，晚稻 16～21 天，秧龄过长，影响秧苗素质和机插质量，分期分批播种，确保秧龄适龄机插。

三是如果每季的播种批数、周期拉得太长，会影响秧苗素质和机插质量，导致产量下降，整个播种批数不宜超过5个周期。

4. 工厂化育秧成套设备

育秧成套设备（图1）包括以下几种：

（1）土壤处理设备 盘式育秧用的应细碎肥沃，酸碱度适当，并经消毒处理。常用的设备有碎土筛土机和土肥混合机。碎土筛土机的碎土部分包括碎土滚筒和栅状凹板，筛土部分为往复式振动筛。碎土滚筒的结构类似旋耕机的旋耕刀滚，土壤在碎土滚筒上的刀片打击和凹板的挤压、搓碾作用下破碎，落到往复式振动筛上，碎土通过筛孔落到滑土板上排出，较大的土块则由筛面送出机外。土肥混合机用于将土粒同化肥均匀混合，通常使用间歇作业的立轴式土肥混合机，由圆形土肥混合筒和绕立轴旋转的搅拌器组成，搅拌器有铲式、螺旋叶片式等类型，每批土肥混合时间2~3分钟。

图1 育秧成套设备

（2）种子处理设备 育秧用水稻种子需经精选、脱芒、盐水浸种、清水漂洗和催芽等处理过程，常用的设备有种子清洗机械、脱芒机、催芽设备和种子消毒设备等。

（3）育秧盘播种联合作业机　由机架、自动送盘机构，秧盘输送带、铺床土装置、播种装置、覆土装置、喷水装置、传动装置和控制台等构成（图2）。作业时将一定数量的秧盘放到自动送盘机构上，使之逐个被连续推送到秧盘输送带上，依次地通过铺床土、播种、覆土、喷水等装置，完成各项作业后由末端排出。

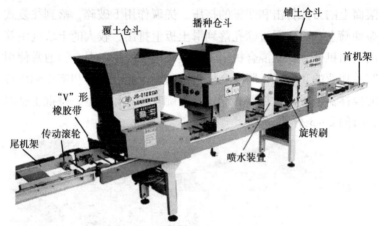

图2　育秧盘播种联合作业机

各工作装置由各自的电动机通过三角胶带传动，并由控制台控制其运转或停歇。铺床土、播种和覆土3种装置的结构基本相同，一般结构均采用外槽轮排种（播）机构，只是排播量大小不同。有的机型在铺床土装置后面增设一个长条毛刷或旋转毛刷轮，用以刷平秧盘内的床土。一台育秧盘播种联合作业机生产率通常为每小时300~600盘。

（4）育苗设备　在育秧盘内培育健壮秧苗的设备。为此需要将育秧盘置于能自动控制温度和湿度的环境中。常用的设备有育秧架、发芽台车、塑料大棚、供水设备和加温控温设备。

（5）物料运送设备　包括床土、育秧盘等物料的输送机。

育秧盘在整个育秧过程中都需要使用，插1亩地多算约需30个育秧盘，按每套育秧设备负担500亩大田计，共需1.5万个育秧盘，其投资额（以塑料育秧盘为例）约占全部设备总投资的40%，目前有些地方在育秧盘内加装钙塑纸或塑料薄膜衬套，待发芽后脱盘育秧，育秧盘数量可减少约80%。

几种常见设备介绍见图3至图10、表1至表4。

图3　江苏云马2BL-280A型水稻盘育秧播种机

天禾100台，国家跨越计划，最早，第4代产品，螺旋排种专利技术精密播种均匀度高，应用于常规稻、杂交稻和超级稻的育秧播种。

表1　江苏云马YM-0816型水稻盘育秧播种机技术参数

项目	参数
尺寸（毫米）	长×宽×高 6 830×480×1 020
总质量（千克）	190
料斗容量（升）	床土 45
	播种 30
	覆土 45
调节播种量	由调速电机的调速旋钮控制
播种量调节范围（湿种）（g/盘）	杂交稻　65~110
	常规稻　100~290

续表

项目	参数
床土厚度（毫米）	18～25
覆土厚度（毫米）	3～9
作业效率（盘/小时）	600～800
价格（元）	19 800

图4　台州一鸣YM－0816全自动水稻育秧播种流水线

床土由输送带自动添加，完成播种后能自动叠盘，极大减少人力成本，省时省力，充分体现自动化工厂育苗的多项优势。根据场地的实际大小需求，可增加无动力弯头及加长流水线进行有机组合，形成一条完整全自动远距离的水稻育秧播种流水线

表2　台州一鸣YM－0816全自动水稻育秧播种流水线技术参数

项目	参数
尺寸（毫米）	长度×宽度×高度 3 255×592×1 200
总质量（千克）	105
播种量调节范围（克/盘）	50～200
伤破率（%）	≤1.5
播种均匀性合格率（%）	≥98
自动叠盘机外形尺寸	长度×宽度×高度 1 500×430×750
自动叠盘机结构质量（千克）	70
自动叠盘机电机功率（千瓦）	0.24
作业效率（盘/小时）	400
出厂参考价格（元）	35 800

图 5   SY 系列水稻育床大棚

主要由大棚骨架、多层可调节苗床、透光覆盖物、喷淋、通风系统等组成。育秧苗床采用旋转式工作台，可调节受光角度，充分利用太阳光，促进幼苗的生长

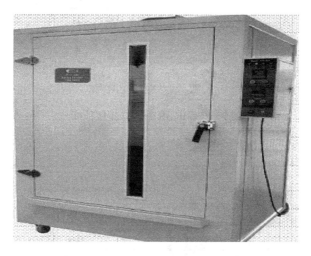

图 6   SCY 系列移动式全自动蒸汽喷淋式水稻种子催芽机

不受环境因素影响，通过对温度、水分、氧气三要素的调节，增加种皮透气性和酶活性，促进新陈代谢，为种子创造更加适宜的环境条件，提高发芽速度和发芽率

表3　久保田 SR - 50IC 型播种机技术参数

项目	参数
尺寸（毫米）	长×宽×高 7 445×570×1 203
驱动方式	两电动机驱动
结构总质量（千克）	两电动机驱动
漏斗容量（升）	床土 60
	播种 22
额定消耗功率（千瓦）	0.35
灌水量（克/盘）	320～1 160
播种量（克/盘）	90～300
作业效率（盘/小时）	500
价格（元）	34 000

图7　久保田 SR - 501C 型播种机

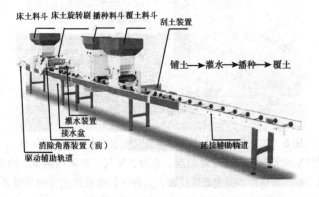

图8　洋马 YBZ600 系列播种机

表4 洋马YBZ600系列播种种机技术参数

项目	参数
尺寸（毫米）	长×宽×高 7 450×540×1 165
总质量（千克）	床土72
料斗容量（升）	播种32
	覆土72
调节播种量	根据链轮的换装使播种滚轮的转数改变，形成11阶段变数
灌水量（升/箱）	0.7～1.4
播种量（克/箱）	105～320
床土量（升/箱）	2.4～4.0
覆土量（升/箱）	0.5～1.5
作业效率（盘/小时）	600
价格（元）	32 000

图9 2BL－280A型水稻盘育秧播种机

二、机插秧技术

（1）大田耕作准备机插秧采用中、小苗移栽，对大田耕整质量和基肥施用等要求相对较高

耕整质量的好坏，不仅直接关系到插秧机的作业质量，而且关系到机插秧苗能否早生快发。地块不平的要多次旱整，做到田

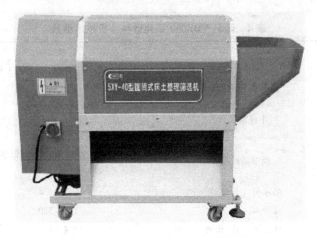

图10　5XY－40型圆筒式床土整理筛选机

集床土粉碎、搅拌和筛选为一体，石块和泥土自动分离，提升土壤的质量，粉碎本为由原来的 0.1/kg 降为 0.6/kg，适合各地农业生产中的床土准备。

内无暗沟、坑洼，大田高低差和平整度达标。对大面积田块平整，可考虑采用激光平地技术进行旱整。如暂时没有条件的，对高低落差大的田块，要大田隔小，以取得相对范围内的旱整地质量达标。

机插大田耕整质量要求　旋耕深 10～15 厘米，犁耕深12～15 厘米，不重不漏；田块平整无残茬，高低差≤3 厘米，表土硬软度适中，泥脚深小于 30 厘米；浆水分清，泥浆深 5～8 厘米，水深 1～3 厘米；水层高不露墩；低不淹苗，田间无杂草、稻茬、杂物。

（2）插秧机（图11）

步进式 4 行插秧机：2～3 亩/小时；

步进式 6 行插秧机：3～4 亩/小时；

高速 6 行插秧机：6～8 亩/小时；

高速 8 行插秧机：8～10 亩/小时。

步进1.7 万（2.3）；高速10 万（9 万）

图 11 不同类型插秧机示意图

（一）插秧机操作要求

作业前需要确认的条件：

（1）秧苗土块规格；

（2）秧苗均匀程度，空格率小于5%；

（3）秧块含水率35%；

（4）大田平整度，高差小于3厘米，水层小于2厘米；

（5）泥浆沉淀情况。

作业时要求的机插质量：

（1）漏插率≤5%；

（2）伤秧率≤4%；

（3）均匀度合格率≥85%；

（4）直、匀、靠行准确、田间空插率最少。

（二）机插作业

插秧作业前，机手必须对插秧机进行一次全面检查调试。装秧时须将空秧箱移到导轨的一端，再装秧苗，中途添加秧苗，两片秧块接头处要对齐，不留间隙，起步时要在秧块与秧箱间洒水润滑，使秧块下滑顺畅，机插前要按照农艺要求，调节好相应的株距和取秧量，确保大田达到适宜的基本苗。

调整插秧机插秧深度，插秧深度在1厘米为宜。栽插的秧苗达到不漂不倒，越浅越好。

根据田块形状，选择适宜的栽插行走路线，保证插秧的直度和邻接行距，做到不漏插、不重插。

机插行距固定为30厘米，株距要求：空茬为14～16厘米，东洋插秧机和井关PC6为70和80两挡；菜麦茬为12～14厘米，东洋机为80和90两挡，井关PC6最小只能达14厘米，即为80挡。

插秧机大田作业时，提倡东西走向。如果遇到不规则田块，沿着最长田埂栽插。

插秧机大田工作路线如图12、图13。

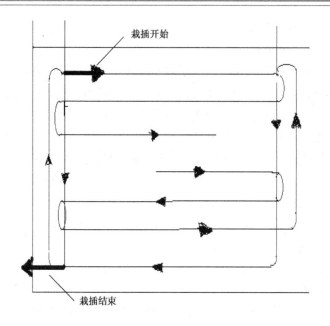

栽插路线图（1）

在大田的左右要预留 1 个往返的栽插空间；

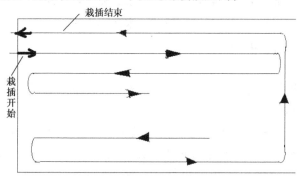

图 13　栽插路线图（2）

在开始第一趟与埂之间预留 1 趟的栽插空间。

三、大田管理

（一）大田耕整

针对不同茬口田块，应采取不同措施。油菜茬一般在收获时要尽量留低茬，机收时根茬高度超过 10 厘米的则要人工割茬或用旋耕机清除残茬；小麦机收留高茬可先直接上水浸泡，再用反转灭茬机耕整，小麦秸秆残量过大时，可清除一部分，并且在地表要铺撒均匀；前茬种植的绿肥要适时翻耕上水泡沤，及早腐烂。无论是空白茬、油菜茬、小麦茬，只要天气、时间允许，提倡翻耕晒垡 2~3 天，以利于改善土壤性状。

（1）耕深一致。犁耕作业控制深度在 15 厘米以内，深浅一致，无漏耕、暗埂、暗沟。

（2）上细下粗。整地时使土壤细而不糊，上烂下实，插秧时机器不下陷，不壅泥。

（3）田块平整。田块通过耕整后高低不超过 3 厘米，田面整洁，无残茬，无凸起，保证寸水棵棵到。

（4）泥水分清。水整后的大田表面泥浆必须适度沉实，一般沙质土沉实 1 天左右，沙壤土沉实 2 天左右，黏土沉实 3 天左右，达到泥水分清，沉淀不板结、水清不浑浊。

（二）大田管理

1. 肥料运筹

关键技术为平衡配方施肥，前氮后移，减少基肥，增施分蘖肥，巧施穗肥。

（1）肥料种类和数量　按照品种、土壤肥力、目标产量的因素综合考虑。一般中等地力田块，杂交中籼稻每亩纯氮 14~16 千克，过磷酸钙 40~50 千克，氯化钾 13~16 千克；杂交中粳稻每亩纯氮 15~17 千克，过磷酸钙 50~65 千克，氯化钾 16~20 千克。

（2）施肥方法　有机肥与无机肥配合，按照测土结果配方，适氮稳磷增钾。基肥：有机肥在耕前施下，耕后整地前施下

45%（15：15：15）复合肥30千克；分蘖肥：分两次施用，第一次在栽后5~7天，施用尿素7.5千克，间隔7天杂交中籼稻再施尿素12.5千克，氯化钾8千克，杂交中粳稻尿素15千克，氯化钾8千克；穗肥：在烤田覆水后立即施尿素，根据苗情、天气、品种等情况酌情施用数量，一般杂交中籼稻尿素3~4千克，杂交中粳稻尿素5~7.5千克。抽穗期前后每亩可用磷酸二氢钾250克对水50千克喷施。

2. 化学除草

在栽插后5~7天结合第一次施分蘖肥，每亩用30%丁·苄可湿性粉剂100~120克或53%苯噻酰·苄可湿性粉剂30~40克，用细土20千克拌化肥、除草剂均匀混合后撒施，施用田块有3厘米浅水层，保持5~7天，以提高化学除草的效果。

3. 水浆管理

移栽活棵返青期：机插秧作业时灌水要求薄水浅栽即拍巴掌水即可，水深要提前放掉，要求机插后灌浅水0.5~1厘米护苗活棵（阴雨天气除外），以不淹没秧心为宜；机插后3~4天进行薄水层管理，切忌长时间深水。水稻活棵返青后即进入有效分蘖期，应浅水勤灌，水层以3厘米为宜，待自然落干后再灌水，如此反复促使分蘖早生快发，植株健壮，根系发达。

无效分蘖期至拔节期：控制无效分蘖应采用晒田措施，提前烤田，当茎蘖数达到预期穗数的75%~80%时即可烤田，烤田时每次断水应尽量使土壤不起裂缝，分次轻烤，逐次加重，切忌一次重搁，造成有效分蘖死亡，控制高峰苗在成穗数的1.3~1.5倍。

拔节至抽穗期：这个时期先采用浅湿灌溉，孕穗期至抽穗期灌水3~5厘米。注意灌浆后期防止过早脱水造成早衰。

抽穗至成熟期：采用以湿为主，干干湿湿，待自然落干再上新水。收割前7~10天，排干田水，降低土壤含水率，以便机械下田收割。

4. 防治病虫害

防治主要对象：二化螟、稻纵卷叶螟、稻飞虱、纹枯病、稻曲病、稻瘟病、条纹叶枯病。

参考药剂：防治二化螟，重点防治一代二化螟，在卵孵高峰期选用毒死蜱、阿维菌素、甲维盐。防治稻纵卷叶螟，水稻实施健身栽培，前期促进早发，中期适时烤田，促进水稻健壮生长，增强稻株抗虫能力，在卵孵高峰期，药剂选用毒死蜱、阿维菌素、丙溴磷等；防治稻飞虱，重点加强肥水管理，防止后期贪青晚熟和倒伏，药剂选用扑虱灵、毒死蜱、敌敌畏等；防治纹枯病，重点抓好肥水管理，实行氮磷钾合理配施，避免偏施、迟施氮肥，适时适度烤田，药剂选用井冈霉素、满穗等；防治稻曲病选用粉锈宁、多菌灵、井·烯唑、爱苗，在水稻破口前 10 天第一次用药，破口期再补治一次；防治稻瘟病选用三环唑、稻瘟灵，重点做好种子处理，加强肥水管理，防治苗瘟、叶瘟，及时用药 1~2次，防治穗瘟，做到在水稻破口前 3~5 天喷药预防，一周后再补治一次；防治条纹叶枯病选用、毒死蜱、仲丁威、敌敌畏等主防灰飞虱，着重在秧田和大田，防治灰飞虱二优、三代卵孵至低龄若虫盛期。

第二章　小麦栽培技术

第一节　稻茬麦优质高产栽培技术

一、稻茬麦生产上存在的主要问题

（1）出苗率低、出苗不整齐　由于稻茬麦田的土壤属水稻土类型，一般板、湿、黏，含水量高，适耕期短，不易整碎，田间坷垃大，无论是机条播或撒播，都不易使种子分布均匀，出苗早迟不一，尤其是撒播麦田，露籽、深籽、丛籽现象普遍。据调查一般采用旋耕灭茬条播的田间出苗率在75%，耕翻条播70%，而耕翻撒播的只有40%。

（2）冬前苗龄小、分蘖少、苗质弱　稻茬麦田往往不能及时排水晒田，致使田间含水量高，不能及时犁耕。也有因为选用春性品种担心早播年前小麦拔节引起冻害，造成失墒晚播，加上肥力低，以致从出苗到越冬前麦苗都明显弱于旱茬小麦。

（3）群体大，个体发育差　稻茬麦多数地方沿用大播量的撒播方式，亩播量达15千克以上，加上"一炮轰"施肥方式，且多为无机肥。春季小麦吸肥快，群体数量大，病害发生重、茎秆生长细弱，后期易倒伏。

（4）根系发育差，后期易早衰　稻茬麦出因土壤含水量高，质地黏重，耕作层浅，土壤通透性差，影响根系发育，后期雨水多，渍害严重，根系易早衰。

二、稻茬麦高产栽培关键技术

（1）选用高产、优质、抗病、耐湿品种　要求选用产量潜力亩产达450千克以上，品质优（弱筋小麦），抗赤霉病、白粉病，早熟、耐湿、抗穗发芽品种；扩大半冬性品种种植。近年全椒县主推品种为扬麦158、扬麦11、扬麦13、扬麦17、扬辐麦2号等。

（2）采用少（免）耕或旋耕整地机条播，沟系配套，排涝防渍　在水稻收获前7～10天断水及时排水晾田，以便收稻后及时进行整地作业，如为早熟稻田，收获后时间充裕，可进行大块深翻晒垡，有利生土熟化；中晚熟稻茬收获晚，种麦时间紧迫，应采取边深翻边碎土，随即做畦播种或浅旋耕机条播。当前大面积生产中，成苗率低，基本苗不足的主要原因是整地质量差，整地时土壤失墒，垡块大而架空，播种后"深籽、丛籽、露籽"多，降低了出苗率。因此要利用少、免耕技术，在机器浅旋土整地后播种，也可在稻板田上采用江南2BG6A或2BG5A型少、免耕条播机，碎土、灭茬、开沟、播种、盖籽联合作业一次完成，减少露籽。要求田内"三沟"（墒沟、腰沟、田边沟）分别达到0.2米、0.25米和0.35米左右，田外大沟加深达到0.6～1.0米。深籽、丛籽，提高播种质量。

①适期播种，培育壮苗　品种的最佳播期主要是根据当地小麦越冬前0℃以上有效积温能满足形成一类壮苗标准所要求的播种时间，一般最佳播期为5～7天。江淮稻茬麦在越冬前0℃以上积温达550～600℃时播种，例如皖麦33、扬麦158、扬麦13、扬辐麦2号在10月25至11月10日（接收获晚的粳糯稻茬口需增加基本苗）。最早不早于10月20日，最迟不迟于12月10日。稻茬小麦壮苗标准：春性品种主茎5～6叶1心、单株2个分蘖，次生根4～6条，每亩总茎蘖数50万～60万，叶色葱绿，分蘖高峰苗70万～90万。幼穗分化单棱后期到二棱初期。

②适量播种　随着生产条件的改善和小麦产量水平的提高，传统的栽培（大水、大肥、大播量）条件下，高产与倒伏的矛盾日益突出，不仅影响了小麦单产的进一步提高，而且使小麦生产的效益严重下滑。江淮稻茬麦由于播种量偏大，施肥不合理，

加上撒播不均匀，沟系不畅通，根系受渍，致使后期早衰。试验研究和生产实践资料证明：江淮稻茬麦亩穗数以 35 万左右，每穗 35～37 粒，千粒重 38 克以上为宜。精播基本苗是 8 万～12 万/亩，半精播基本苗是 13 万～16 万/亩。目前安徽省稻茬麦半冬性 16 万～20 万/亩，春性 20 万～25 万/亩。播期推迟，播种量适当增加，每推迟三天，亩播种量增加 0.5 千克；播期提前，播种量减少，提前三天，播量减少 0.5 千克。

③提高播种质量　播种质量是指应用高质量种子，在保证上述基本苗得到落实的前提下，种子入土深度适宜（4～5 厘米），分布均匀，机条播中不漏、不重播，无缺苗断垄现象，播行直，地头地边播种整齐。

（3）平衡施肥，追施起身拔节肥和后期叶面施肥　根据土壤肥力基础和产量指标平衡施肥。土壤肥力是指土壤供给作物生长所需的水、肥、热、气综合表现能力，不是单指养分状况，"气"包含土壤中氧气和二氧化碳释放量。高产小麦要求土壤耕作层深厚，结构良好，耕作层土壤容重为 1.10～1.35 克/立方厘米，孔隙度为 50～55%，有蓄水保肥能力，具备良好的耕性，可以确保耕地质量。土壤养分要求有机质 1.2% 以上；含氮 0.8 克/千克以上；碱解氮 75 毫克/千克以上；速效磷 15～20 毫克/千克以上；速效钾 120 毫克/千克以上。一般用土壤基础肥力产量作为土壤肥力高低的衡量标准，即不施肥小麦亩产量可达 250 千克以上。有了土壤自身养分对产量的贡献，再按照设计的产量目标，施肥就有了依据。

综合各地经验，稻茬麦亩产 350～400 千克水平，一般需施纯氮 10～13 千克；五氧化二磷 55～6 千克，氧化钾 5～10 千克。亩产 400～500 千克宜施入 12～14 千克氮、5～6 千克磷、8～10 千克钾（亩产 500 千克以上需增加农家肥 1 000～1 500 千克）。在肥料运筹上应掌握前促、中控、后补，基肥占总氮量的 60%，冬春平衡肥占 10%，拔节肥占 30%。

（4）病虫草害综合防治　①播种期。抓好种子处理，拌种药剂可选用20%三唑酮50毫升对水2.5千克，喷雾拌匀50千克麦种；或用3%立克秀湿拌剂或12.5%烯唑醇可湿性粉剂，可预防种传病害和地下害虫等。

②越冬前（一般在11月下旬至12月上旬）。以防治杂草为主，当杂草达到50株/平方米时进行防治。防除阔叶杂草：每亩用20%使它隆乳油40～50毫升，于小麦3～5叶期，对水40千克茎叶喷雾，或每亩用10%巨星可湿性粉剂10克，在小麦3～4叶期，杂草5～10厘米，对水40千克喷雾；防除禾本科杂草：每亩用10%骠灵乳油50毫升，于小麦3～5叶期，对水40千克茎叶喷雾，或每亩用6.9%骠马浓乳剂40～60毫升，于小麦田在看麦娘2叶至拔节期，对水40千克茎叶喷雾；防除禾本科、阔叶杂草混生的小麦田杂草：每亩用55%普草克浓乳剂125～150毫升，于小麦真叶期至拔节前，对水40千克茎叶喷雾，或每亩用22.5%伴地农乳油80毫升加6.9%骠马浓乳剂50毫升，于小麦田在看麦娘2叶至拔节期，对水40千克茎叶喷雾。

③返青期（3月中下旬）。小麦返青拔节初期（一般在3月中下旬）以小麦纹枯病为防治重点。农业防治：加强小麦田间管理，清沟沥水，降低田间湿度。化学防治：凡病株率达到10%以上田块应立即进行药剂防治。防治药剂为每亩选用：a.36%粉霉灵悬浮剂70克。b.25%使百克乳油30毫升。c.10%纹剑水剂20毫升。d.30%爱苗乳油15毫升，以上药剂任选一种对水40千克喷雾。药液应喷到麦苗中下部，重病田7天后再用药一次，同时兼治小麦锈病。

④成熟期（抽穗至灌浆末期，在4月中旬末至下旬）。以防治小麦赤霉病、小麦穗蚜、小麦吸浆虫、小麦白粉病为主。抽穗至扬花初期预防小麦赤霉病宜选用40%多菌灵胶悬剂、80%多菌灵可湿性粉，亩有效成分40～60毫升（克）为宜，机动喷雾

器每亩药液量 15 千克，手动喷雾器每亩药液量 30~40 千克。当小麦穗蚜达到 10 只/穗时选用 24% 添丰可湿性粉剂 20~30 克/亩或 3% 啶虫脒可湿性粉剂 10 克/亩，或用 10% 吡虫啉可湿性粉剂 10 克/亩喷雾防治。小麦吸浆虫可用 80% 敌敌畏 100 毫升或 50% 辛硫磷 150 毫升拌细土 20 千克均匀撒到麦田。用绳拉动或用竹竿拍动麦穗，使药入土，杀死虫蛹。药后浇水或抢在雨前施药效果更好。成虫期可亩用 4.5% 高效氯氰菊酯 50 毫升和 48% 毒死蜱 40 毫升结合小麦赤霉病、穗蚜防治进行。

第二节　江淮地区稻茬麦机械化播种技术

一、播前准备

1. 品种选用

根据腾茬早晚，选择高产优质适宜品种。江淮地区选用春性品种皖麦 33、扬麦 12、扬麦 13、扬辐麦 2 号等。

2. 种子质量

种子质量符合 GB 4404.1 规定指标。即种子纯度≥99.0%，净度≥98.0%，发芽率≥85%，水分≤13.0%。

3. 种子处理

（1）种子包衣　播种前用种衣剂包衣，使用包衣种子省时、省工、成本低、成苗率高，有利于培育壮苗。

（2）药剂拌种　未经包衣的种子播种前每 50 千克麦种用 15% 粉锈宁 75 克，沿淮早播麦加 50% 辛硫磷乳油 50 毫升，放入喷雾器内，加水 3 千克搅匀，边喷边拌，待麦种晾干后播种。拌种时不得加大药剂用量，防止产生药害。

4. 整地

（1）整地时间　在水稻收获前 10~15 天断水，水稻收获后，当土壤含水量达田间最大持水量的 70%~85% 时适墒耕作，墒情不足的砂性土壤可先造墒，晾晒后耕作。

（2）整地方式

a. 根据不同土壤条件、田块规模等因素综合考虑，合理选择铧式犁—钉齿或圆盘耙、旋耕、浅旋耕等作业工艺。

b. 提倡进行水稻秸秆粉碎还田。对秸秆还田或灭茬的田块，应选择适宜的秸秆粉碎还田机进行秸秆还田或灭茬作业，作业前注意增施氮肥促进秸秆的腐烂。

c. 少免耕通常用旋耕作业代替犁耕和耙地作业，旋耕深度视土壤墒情而定，一般为 8～12 厘米，作业 2 遍。特别松软的土壤要用镇压器镇压，使土壤保持适当的紧密度。

d. 浅旋耕条播联合作业，用浅旋耕条播机在前茬地上一次完成旋耕灭茬、碎土、播种、盖籽、镇压等多道工序作业，旋耕深度为 3～5 厘米。

e. 长期旋耕的田块应间隔 2～3 年进行一次深耕（松），深耕（松）深度以打破犁底层为宜。三漏田不宜进行深松。

5. 施肥

每亩总施肥量：纯氮 14～15 千克，五氧化二磷 5～6 千克，氧化钾 6～8 千克，硫酸锌 1.0～1.5 千克，优质农家肥 2 000～3 000 千克。全部磷、钾、锌肥及 60%～70% 的氮肥做基肥。高产麦田基肥一般亩施优质农家肥 30 担，45% 高浓度复合肥 30～40 千克，尿素 10 千克或相同含量的复混肥。基肥采用先撒施肥料，然后翻耕将肥料埋入土中。

二、播种技术

1. 播种期

沿淮地区早茬半冬性品种 10 月 10 至 20 日、晚茬春性品种 10 月 20 日至 30 日播种。江淮地区春性品种最适播期为 10 月 25 日至 11 月 5 日。

2. 播种量

在适播期内，半冬性品种每亩播种量 8.0～10.0 千克，春性品种每亩播种量 10.0～12.5 千克。播期推迟，播种量适当增加，每推迟三天，亩播种量增加 0.5 千克；播期提前，播种量减少，每提前三天，播量减少 0.5 千克。

2. 播种量在适播期内，半冬性品种每亩播种量 8.0 ～10.0 千克

3. 播种方式及质量

（1）选择适宜的少免耕播种机械进行作业。作业前必须确认播种机械各装置连接牢固，转动部件灵活、可靠，润滑状况良好，悬挂升降装置灵敏，调整符合标准要求。提倡使用旋（免）耕施肥播种复式机械。

（2）浅旋耕条播作业宜在土壤含水率 20%～30% 时进行。

（3）播种粒距应均匀，无断条、漏播、重播现象。播种行距 20～23 厘米，播行笔直，地头整齐，播种机组内行距误差 ＜ 1.5 厘米，机组相邻两播幅之间（靠行）行距误差 ＜2.5 厘米；播种深度 3～5 厘米。

（4）播种机械作业速度以二挡为宜，匀速前进；检修调整宜在地头进行，中途不宜停车，以免造成种子断条。地头转弯前后应注意起落线，起落要求及时、准确；作业时机械不应倒退，必须倒退时应将机械的开沟器和划印器升起。

（5）作业中应经常注意排种器、输种管、种子（肥料）箱的下种下肥情况，及时清除杂物及开沟器、覆土器上的杂草、土块等，如需加肥、加种或清理、检修、润滑等，必须停车进行。机械应按要求进行保养。

4. "三沟"配套

播种作业后应及时采用机械化开沟技术（视播种期天气影响，可播前开部分墒沟）。田内"三沟"（畦沟、腰沟、田边沟）深度分别达到 0.2 米、0.25 米、0.35 米左右；田外大沟深 0.6～0.8 米；畦沟间隔 3～4 米。做到沟沟相通，横沟与田外沟渠相通。

第三章　油菜栽培技术

第一节　双低油菜保优高产栽培技术

一、技术简介

双低优质油菜是指大田生产的菜籽油中芥酸含量不超过5%（传统品种菜籽油芥酸含量为45%～55%），菜饼中每克饼粕硫苷含量低于30微摩尔。菜油中芥酸含量低了，其他的有益脂肪酸含量升高，从而使菜油的营养价值提高。菜饼中硫苷含量降低了，这种低硫苷的菜饼可以直接做牛、鱼饲料。所以双低优质油菜对人体健康和发展畜牧业生产具有重要意义。为了保证双低优质油菜低芥酸、低硫苷的质量，必须采取配套保优高产栽培技术措施，以达到生产出优质高产油菜籽产品。

二、技术要点

（1）选用双低、高产、高油、抗（耐）菌核病品种　品种是高产的基础，由于全椒县属江淮之间的特殊气候，春季雨水较多，在油菜品种的选用上，必须坚持双低优质与抗病（耐病）并重的原则，把品种的抗逆性放在重要位置，以便更好地发挥品种的增产潜力。根据全椒县多年的试验示范情况，在秋种中，重点推广适应全椒县生态条件的双低优质高产高油品种。目前表现比较好如秦优系列、皖油系列、天禾油系列、华皖油系列品种等外，近年来滁核杂1号表现不错，各地可选择种植。

（2）区域布局，连片种植　环境条件对芥酸、硫苷的含量影响较大，所以在茬口上要安排水旱轮作，防除自生油菜。优质双低油菜必须做到集中连片种植，防止高芥酸油菜品种插花种植，造成串粉杂交和生物学混杂，降低菜籽品质；同时在油菜开花前要及时清除其他十字花科蔬菜的花薹。为确保商品油菜籽的质量标准，最好一个村或一个镇种一类双低油菜品种，实行统一供种，区域化布局。同时实行订单生产，产业化经营，这样才能更好地满足加工企业的需要，同时也保证油菜籽卖个好价钱。

（3）适时早播，培育壮苗　壮苗标准为：苗龄 30~35 天，株高 20~25 厘米，叶龄 7~8 叶，单株绿叶 5~6 张，根茎粗 0.5~0.6 厘米，缩茎段长 2 厘米以下，根茎直立，根系发达，株型矮壮，无病虫害等。适时早播能充分利用温、光、水、气等自然资源，培育壮苗，安全越冬。全椒县育苗移栽播期：9 月中旬播种，苗龄 30~35 天。苗床与大田比以 1：（5~6）为好，每亩苗床播 0.4~0.5 千克种子。苗床应施足底肥，一般要求每亩苗床施足总纯氮 10 千克左右，具体配方：45% 复合肥 25 千克 + 尿素 10 千克 + 氯化钾 5 千克 + 硼肥 0.5~1 千克。足墒播种，苗床应防旱、防涝、防板结，力争苗齐、苗匀、苗壮。出苗后间除丛生苗，3 叶期定苗，每平方米留苗 120~130 株。为培育矮壮苗和防止高脚苗发生，可于 3 叶期叶面喷施多效唑。同时要加强苗期的肥水管理和病虫害防治。于移栽前 1 周，施送嫁肥，起苗前一天浇透水，以便菜苗带土移栽，苗床上的底脚苗一定要废弃。如果直播油菜播种期应掌握在国庆节前。

（4）适期早栽，保证移栽质量　通过适期早播早栽，能够充分地利用了秋冬季的光热资源，促进年前增加叶片，年后增加枝数，增加角数，实行丰年大丰收，灾年不减产，全椒县要求 10 月下旬移栽结束。因此，在适期早栽的前提下，保证栽好菜苗才能充分发挥优质油菜的增产优势，特别是水稻茬口油菜，由于水稻田土壤板结，通气性差，所以要在水稻收获前，适时断水晒田，开沟沥水，并及时翻耕晒垡，结合整地，施足基肥，整地做畦，三沟配套，达到明水能排，暗水能滤的要求。在移栽技术上要注意行要栽直，根要栽正，棵要栽深、栽稳。同时还要做到边起苗边栽，边浇定根水，大小苗分开栽、不混栽，苗根要栽紧，不栽钩根苗。促进移栽苗早成活，早返青生长，达到壮苗越冬。

（5）合理密植，科学施肥　确定合理密植的原则是：早熟、早中熟品种生育期较短，密度可较晚熟品种大些；肥水条件好，早播早栽，苗期生长快的应适当稀些全椒县甘蓝型油菜在生产水平较高的地区，每亩以 8 000 株为宜，中等生产水平为 10 000 株左右，生产水平较差的地区为 12 000 株。直播油菜比育苗移栽密度适当增加 20% ~30%。

双低优质油菜需肥量较大，一般亩产 200 千克以上的施肥标准：在亩施 1 500 千克有机肥的基础上，大田底肥 45% 专用复合肥 50 千克，硼砂 0.75 ~1.0 千克，苗肥尿素 4 ~5 千克，腊肥尿素 5 ~7 千克加氯化钾 7 ~8 千克，蕾薹肥尿素 5 ~6 千克，叶面喷施美州星 30 毫升和 0.3% 硼砂溶液，对水 40 千克喷雾，间隔10 天再喷一次。

（6）注意防冻保暖，确保过冬　在寒潮来临前或降温期间，因地制宜，采取措施，一是在土壤封冻之前中耕培土，可疏松土壤，增厚根系土层，对阻挡寒风侵袭，提高保温抗寒能力有一定作用，尤其是高脚苗更有一定作用。二是有条件的地方，在寒潮来临前，给油菜田灌半沟水，能避免地温大幅度下降，尤其是防止干冻的效果更好。同时灌水后根系与土壤紧密结合，有利油菜对水分和养分的吸收。冰冻过后，应及时清沟排水，以免因渍水伤根。三是摘除早薹油菜。如果出现早薹早花现象，将消耗大量养分，使植株抗寒能力减弱，应及时摘除，可减轻冻害程度。摘除早薹应选晴天中午进行，摘薹后及时追施适量的速效氮肥，以促进油菜生长，防止冻害。四是开展化学调控。在苗床期、越冬期前喷施多效唑，对防止冻害都有效果。

（7）防治病虫草害　菌核病是影响油菜产量和品质的主要病害，由于全椒县春季气候的特殊性，近年该病呈重发趋势。防治菌核病的有效办法，是改过去的"达标防治"为定期喷药保护，即在油菜初花期至盛花期实施喷药保护。一般隔7~10天喷药一次，连续防治2~3次，对防治菌核病有较好效果。移栽油菜除草在栽后5~7天内用高效盖草能等进行茎叶喷雾；直播油菜可在播后苗前用乙草胺进行土壤喷雾或在油菜苗期、杂草三叶期用高效盖草能进行茎叶喷雾。

（8）注意清沟，防止渍害　渍害一直是全椒县油菜生产水平进一步提高的限制因子，幼苗受渍，生长停滞，春后受渍，削弱根系功能，分枝位高，主花序变短，分枝减少，角果数、粒数、粒重均有不同程度的影响，结实率下降，尤以角果数减少最多。因此，要求经常疏通田间三沟，使之排水畅通，才能有效减少田间湿度，对壮根防病，保证油菜正常生长有显著作用。

（9）防止混杂，检测收购　在收获、运输、脱粒、仓储过程中，注意防止机械混杂。实行单收、单贮和单加工，并在收购或仓储环节中，进行含水量、杂质等项目的检测。

三、注意事项

（1）防除稆生油菜　苗床不能选择前茬种植的非双低油菜地以及菜园地；实行轮作换茬，最好水旱轮作；不能用非双低油菜果壳沤制的肥料作为基肥；花前注意周边十字花科蔬菜的去杂。

（2）增施硼肥，提高硼肥施用效果　选用一级硼砂，保证硼的有效含量。缺硼严重地区增施至每亩1.0~1.5千克；在干旱年份和干旱地区或田块，要将底施与喷施相结合。

（3）苗期治虫，花期防病　苗期防治蚜虫为害，特别注重后期菌核病的综合防治。

（4）推广油菜专用肥　使用配方合理、质量达标的专用肥，可避免施肥不适量、养分不全或比例失调以及难以一次购齐所需多种单元肥料等问题。

第二节　稻茬油菜免耕直播栽培技术

稻茬油菜免耕直播栽培技术就是稻田不犁、不耙，直接在上面施肥、播种（撒、点）油菜种子。这种油菜种植方法具有轻便、快捷、省工、节本的特点，符合在当前农村青壮年劳动力大量外出打工，农村劳动力比较紧缺的情况下，推广应用该项技术具有重要的现实意义。

一、直播前准备

1. 选用品种

选择适宜全椒县栽培的优质高产、耐寒性比较强的双低杂交油菜品种，如秦优 10 号、秦优 12、滁核杂 1 号等。

2. 化学除草

一般在播种前 7～10 天，每亩用灭生性除草剂 10% 草甘膦 400～500 毫升加百草枯 200 毫升对水 50～75 千克全田均匀喷雾，防除大田老草。

3. 控制稻桩高度

水稻机割时要求尽量割低稻桩并粉碎，并将割下的稻桩清理出田或全田铺匀，避免稻草成堆影响种子出苗。

二、科学施肥

在播种开始前，先施肥。施肥原则是施足基肥、早施苗肥、重施腊肥、稳施薹肥。施足基肥：每亩用 45% 复合肥 30 千克均匀撒施畦面；早施苗肥：一般在 3～4 叶时每亩用尿素 3～5 千克，对水浇施。重施腊肥：在小寒至大寒每亩用尿素 7.5 千克趁雨撒施。稳施薹肥：在薹高 3～5 厘米时施用，看苗每亩施尿素 5 千克，氯化钾 4 千克左右和 0.2 千克硼肥混合趁雨撒施。初花期、盛花期叶面喷施 2 次肥，每次亩用硼肥 0.15 千克、磷酸二氢钾 0.2 千克进行叶面喷施。

三、适时早播

油菜适宜播种期的确定，一般应考虑气候条件、品种特性等因素，充分利用冬前较高温度，进行足够的营养生长，形成壮苗越冬。如果秋雨多或秋旱严重时，应抓住时期及时播种。根据全椒县两年油菜稻茬免耕直播试验，适宜播种期为 9 月 25 日至 10 月 5 日，在适播内产量最高，应尽量适期早播。如果推迟播种，导致后期苗小苗弱，冬前生长量不足，也易遭受冻害影响，产量不高。

四、播种方式

基肥施完后即可进行播种，可以采取撒播、穴播和条播等方式。采用撒播的，每亩种子先用干细土 15 千克加硼砂 1 千克，拌匀后分畦称量播种，力求全田均匀；采用穴播的，每亩密度 7 000～8 000 穴（穴距：20 厘米×40 厘米）；采用条播的，行距 35～40 厘米。如土壤墒情差，播后要及时抗旱，确保一播全苗。

五、合理播量

播量视种子发芽率、土壤墒情而定。正常情况下，每亩播种量以 0.3～0.4 千克为宜，密度约为每亩 2 万株。但随着适播期的推迟，每亩播种量适当增加到 0.4～0.5 千克，每亩密度达到 2.5 万株以上为宜。

六、开沟做畦

做到围沟、腰沟、畦沟配套，沟直底平、沟沟相通、雨停沟干。一般畦宽 2 米左右，沟宽 20 厘米，沟深 25 厘米，将沟土打碎均匀撒于畦面，以利畦面平整。

播种前后具体操作程序：第一步，播种前化学除草；第二步，施基肥；第三步，开沟，把沟里面的土均匀抛在畦面上并捣碎；第四步，播种（撒、点），播种后尽量用耙子扒一扒，使碎土盖住种子，以利于种子出苗整齐。

七、间苗定苗

一般在齐苗后即进行第一次间苗，2 叶期第二次间苗，针对直播油菜冻害较重的特点，定苗应适当推迟，最好在 4 片真叶后适时定苗。间苗、定苗应把握删密留稀、去病留健、弃小留大的

原则，拔除弱苗、病苗和杂株，选留无病壮苗、大苗。每亩留苗
1.5 万 ~ 2.0 万株。

八、苗期除草

播后出苗前（在 3 天内），亩用 50% 乙草胺乳油 50 ~ 75 克
加水 50 千克喷雾。齐苗后根据草情合理选用对路除草剂进行补
施，即以禾本科杂草为主的油菜田，每亩可用 10.8% 高效盖草
能乳油 20 ~ 30 毫升或 5% 精喹禾灵 50 毫升对水 50 千克，于杂草
3 ~ 5 叶期喷雾；以阔叶杂草为主的，每亩用高特克 25 ~ 30 毫升
兑水 50 千克，于油菜 5 叶期喷雾防治；阔叶杂草与禾本科杂草
混合发生的田块，须在 4 ~ 5 片真叶时，每亩用草除灵加精喹禾
灵乳油于杂草 2 ~ 4 叶期喷雾防除。

九、防止冻害

稻田免耕直播油菜由于根系入土比较浅，加上部分油菜苗缩
颈段暴露在外，很容易遭受越冬期低温 – 3 ~ 5℃ 引起的幼苗叶、
根受冻，若遇到 – 5 ~ 7℃ 低温，叶片会出现枯黄、泛白，严重时
导致小苗、弱苗死亡。因此，预防冻害应首先选用抗寒性强的品
种，在栽培管理上应做到适时灌水防冻，合理施用氮、磷、钾
肥，在幼苗期、越冬前施用多效唑、烯效唑可增加油菜抗寒力，
另外，降温前搞好培土壅根，减轻冻害。

十、病虫害综合防治

苗期主要以防治菜青虫、蚜虫为主；大田期摘除病叶及黄
叶，及时排除田沟渍水，防止病害蔓延；开花期亩用 40% 菌核
净 100 ~ 150 克对水 50 ~ 60 千克喷雾，或用 50% 多菌灵 100 克对
水 50 千克喷雾防治菌核病和霜霉病。

第三节　油菜全程机械化配套生产技术

油菜生产全程机械化的重点是机械播种和机械收获两个主要
环节。

1. 品种选用

机播机收油菜宜选用产量高、抗性强、株高 160 厘米左右、分枝少或不分枝、分枝部位高、分枝角度小、春发性好、花期集中便于机械收获的品种，如秦优 7 号、滁核杂 1 号等。

2. 适期早播

机条播油菜要高产，适期播种是关键。油菜的播种期直接影响油菜的安全越冬和生长发育。根据江淮地区常年油菜直播的实际情况，播种期宜在 9 月 25 日至 10 月 5 日，提倡适期早播，以提高产量。

3. 播种方式

水稻收获后趁墒播种，墒情不足的，灌跑马水造墒，每亩播种量 150 ~ 200 克，用油菜专用肥或 15—15—15 三元复合肥与种子混合均匀，机械条播，行间距 40 厘米（大小行播种的，大行 50 厘米，小行 30 厘米）。为防止土壤失墒，并且降低生产成本，实行免耕机械条播，机械可选用 2BG-6A 型稻麦条播机间隔封堵播种口或 2BG-6B 型油菜直播机精量播种。

4. 适当密植

考虑到收割油菜一般采用小型水稻收割机进行，为方便收割应增加田间留苗密度，每亩保证留苗 2 万 ~ 3 万株，这样植株分枝少、主茎较细，机械前进阻力小，收割完全。

第四章　棉花栽培技术

第一节　棉花育苗移栽高产栽培技术

一、苗床的选择和营养土的配制

1. 选择苗床和配制营养土的重要性

选好苗床，配制营养土，是育好苗、育壮苗的重要基础，对新棉区、新棉农而言，尤为重要。近年来，棉花苗期病害较重，不能不说明与放松对苗床的准备工作有关。全椒县早春气温较低、寒流、降雨频繁，棉花出苗至出现真叶前，又处于由自养向异养过渡时期，体内养分不足，组织幼嫩，抗逆性弱，极易受各种病原菌的侵袭，尤其在低温多雨年份，常造成大量烂种、烂根和死苗，因此，必须在人工的控制下，为棉苗创造一个良好的生活环境，尽量减轻灾害的影响，选好苗床，配置营养土，是重要措施之一。

2. 苗床的选择和营养土的配制

选好苗床，就是秋种时在棉田的一角中，就地选地势较高、排灌方便的无病地块作苗床，上年苗床不宜再用。苗床面积按每亩大田留足 26～33 平方米。新棉区要在确定种棉花的大田内按标准留足苗床，切不可用菜园地作苗床。

选好的苗床冬春要翻铲 2～3 次，使床土充分晒垡冻疏，同时施入人畜粪、腐熟的猪栏肥、地皮土、冻碎的塘泥等优质农家肥，每床施 200～250 千克，磷肥 2 千克，碳铵 1 千克，钾肥 0.5 千克，农家肥春节前施入，化肥在制钵前 3～5 天施入床土中拌匀。近年来，育苗移栽棉花，从出苗到移栽，苗床上基本上不再追施任何肥料，以避免因追肥不当而灼伤幼苗的情况发生，因此，苗床土一定要做到土熟、土肥，氮、磷、钾三要素齐全。

床土肥要做到有机肥与化肥相配合，有快有慢，取长补短。但又应该注意几个问题：一要限制饼肥和化肥的用量，饼肥超过钵土重量的 1%、化学氮肥超过钵土重量的 0.3%，就能产生肥害，影响出苗；二是饼肥要用热榨后棉仁饼，以防枯黄萎病的传播，同时应注意在制钵前 15 天前施下，新棉区应避免施用饼肥；三是尽量不用尿素，因尿素在分解时会产生 pH 值高达 9～11 的强碱性和铵浓度较高的环境，使种胚受灼伤或死亡，即通常所说的烧苗现象。

二、棉花播种与苗床管理

1. 制钵播种

A. 时间：4 月上、中旬

B. 目标：适期播种，一播全苗。

技术要点：

（1）做床　一般床宽 120～125 厘米，深 6～7 厘米。长 10 米。苗床不宜长，床底不宜深，四周开好排水沟。配制好的营养土堆集在苗床中间，用薄膜盖好，防止雨淋，影响制钵。

（2）制钵　制钵前一天需将营养土洒水润透，营养土的含水量是制钵质量的关键，不要过干或过湿，其干湿度以手捏成团，平胸落地即散为宜。栽棉花选择 6 厘米直径制钵器，接茬移栽棉选择 7 厘米制钵器，压制成松紧适度，高度一致的营养钵。

（3）排钵　排钵前将床底整平、实，撒些细沙或草木灰，适量辛硫磷颗粒，防治地下害虫。营养钵边制边排，在苗床一边拉条直标准线，行与行交错成三角形摆放。做到行直、边齐、钵平整。

（4）制钵数量　一般大田移栽密度为 1 800～2 200 株，制钵数量应增加 50%，即每亩大田应制钵 3 600～4 400 个，以备死苗，破损和缺苗补栽用。

（5）种子处理　每亩棉田备包衣良种 0.5 千克，毛种 1.5 千克左右，播前晒种 2～3 天。

（6）浇足底水　播种前要浇足苗床底水，以利出苗。采用浇或灌浇的方法，浇到钵缝间三分之一处见水为宜。

（7）苗床消毒　一床钵子排好后，用 40% 多菌灵胶悬剂 500 倍液进行钵面消毒，预防病害发生。

（8）适期播种　播期应根据春季气温回升情况和茬口而定，移栽时要求有 35 天以上的苗龄。套栽棉一般 4 月上旬，麦（油）接茬移栽棉于 4 月中旬，抓住寒尾暖头，抢晴播种。

（9）播种盖土　每钵播种 1～2 粒，用手指轻轻捺入穴内，播后用细土盖籽，填满钵间空隙，盖土厚度以 1 厘米左右为宜。

（10）架盖膜　用 2 米长的竹片，横跨苗床两边，插入土中，形成弓架，每道架中部高出苗床 40 厘米，架间距 70 厘米左右，高低一致，选择 2～3 丝厚的塑膜盖上，四周拉紧压牢，防止漏风漏雨。

2. 苗床管理

A. 时间：4 月上旬至 5 月下旬

B. 目标：培育壮苗

技术要点：

（1）增温保温　齐苗前一般不揭膜，增温保温促全苗。膜内温度提高到 30℃ 以上，3～7 天可出苗。

（2）晒床炼苗　齐苗后（出苗 70% 以上）及时通风，通风口由小到大，由少到多，通风 1～2 天即可揭膜晒闲炼苗。床苗要晒到表土发白，苗要炼到红绿茎各半。

（3）间苗防病　每钵播两粒种子的苗床要间苗。苗要早间，结合晒床进行，每钵留 1 苗。间苗后用 700 倍液多菌灵药液喷施根部，亦可喷 200 倍等量式的波尔多液（生石灰、硫酸铜各 250 克，对水 100 千克），或冠菌清每桶水 15 克喷雾防苗期病害。

（4）安全护苗　二片真叶以前，苗床管理以通风不揭膜为主，床温控制在25~30℃，2叶期以后，薄膜日揭夜盖，风雨来临之前要及时盖膜，阴雨暴晴要及时揭膜。整个苗床期管理要做到，冷不冻苗，晴不烧苗，风不揭膜，雨不淋苗。苗不离床、膜不离地。

（5）搬钵蹲苗　搬钵蹲苗是培育壮苗，缩短移栽缓苗期的重要措施，一般在移栽前半个月或2叶期前后进行。搬钵后及时补土（钵间隙填满土），补水，补肥，下午16时左右盖膜增温，暖床过夜。

（6）苗期化控　第一次化控在棉苗一叶期左右，每亩大田苗床，用助壮素1~2毫升，对水15千克，快速喷雾，以协调棉苗地上部与地下部生长，达到控上促下，控高促壮，达到培育壮苗的目的。

（7）追施"送嫁肥"　移栽前3~5天，揭去薄膜，昼夜炼苗，每床追施2~3担（100~150千克）稀薄人畜粪尿或0.5千克尿素对水浇施。

三、棉花适时移栽与苗期管理

1. 移栽

a. 时间：5月上旬至5月底。

b. 目标：提高移栽质量，缩短缓苗期。

技术要点：

（1）施好基肥　每亩施农家肥1 000~1 500千克，磷肥40~50千克＋尿素10千克＋钾肥15千克＋硼肥1千克，或用40%"犇小康"复合肥35千克（25%肥50千克）＋钾肥15千克＋硼肥1千克。施肥方法可采取混合埋施，也可与农家肥混合埋施，麦（油）后移栽棉田栽前拉沟条施，注意移栽洞内要少施，以防"烧苗"。

（2）合理密植　棉花起源于热带、亚热带地区，属多年生植物，因此在温光、水肥条件适宜的情况下，棉株可不断生长，分化出新的叶和枝，形成花和铃。植株可长成大型树木状，高可达 5~7 米，单株结铃数可达数百个，甚至超过 1 000 个。在生产上利用这一特性，采取措施，以发挥个体的增产潜力。所以移栽密度应掌握肥田稀植瘦田密植的原则。肥力较好的田块一般亩栽 1 800~2 000 株，肥力较差的田块（丘陵岗地）一般栽 2 000~2 500 株。

（3）适时移栽，免耕移栽　前茬作物收获后，不翻犁移栽前 3 天用农家福草甘膦（800 毫升两桶水）或新安江草甘膦（900 毫升三桶水）喷雾除草，用锄头或其他农具先拉引沟，再用制钵器或打洞器，在引沟内打洞，做到边打洞边移栽，边浇水，边覆土。营养钵要略低于地面，苗要栽正，覆土 2~3 厘米。

（4）整地移栽　土壤板结，杂草丛生的田块可采用翻耕整地移栽，做到边整地边除草去杂草。在整碎的畦面上先用 48% 氟乐灵乳油，每亩 75~150 克对水 50 千克均匀喷施畦面注意不要重复喷并立即混土 5~7 厘米，防除杂草，然后开沟摆钵或打洞栽钵。采用整地移栽，土壤空隙多，水分蒸发量大，移栽时要用细土壅体，栽紧栽实，并浇足"团结水"。

（5）注意雨后土湿不移栽，多余的棉苗栽入大田行间，以备补缺。

2. 蕾期管理

a. 时间：5 月中旬到 7 月上旬

b. 目标：早发稳长

技术要点：

（1）早管促早发　栽后应及时查苗补缺。开沟沥水，做到畦沟、腰沟、围沟相通，雨住沟干。

（2）轻追提苗肥　棉花活棵后，每亩用碳铵 8~10 千克，或用尿素 5 千克，对水浇施。为确保棉花稳长，苗期一般不施或少施氮肥，切忌大水大肥，但对土壤肥力较差，基肥不足，棉花长势弱的田块，还应适量追施氮肥。

（3）巧施蕾肥　一般母施尿素 5~10 千克，对水浇施。

（4）控制旺长　对苗期旺长的棉花，每亩用助壮素 3~4 毫升，对水 12~14 千克喷雾，以有效控制盛苗初花期的旺长，达到苗期稳长发棵的目的。

棉花苗蕾期应注意苗期虫害蚜虫、盲蝽象、红蜘蛛、棉铃虫、红铃虫的防治。

四、棉花中期管理

a. 时间：7 月中旬到 8 月下旬

b. 目标：争铃多、铃重

技术要点：

棉花中期管理重点是花铃期管理，花铃期是棉花现蕾、开花、结铃最多的时期，也是棉花一生中需肥、需水最多的时期，进行合理的肥水管理，是夺取棉花高产的关键。

（1）重施花铃肥　花铃肥一般分两次施，第一次花铃肥（或称当家肥），应以有机肥为主，在初期（一般在 7 月上旬）施入，每亩施饼肥 40~50 千克，钾肥 15~20 千克 + 尿素 15~20 千克；第二次花铃期肥氮以为主，正常的棉田在 7 月下旬，单株成铃 2~3 个时，每亩施尿素 20~25 千克 + 钾肥 20~25 千克（或 25% "犇小康"复合肥 40~50 千克）花铃肥应在棉行中埋施，天旱时要兑水浇施。

（2）合理化控　初花期（一般在 6 月底或 7 月初），亩用助壮素 6~8 毫升，对水 15 千克喷施，以塑造棉花理想株型，缓解个体之间的矛盾，建立高光效的合理群体，盛花期（一般在 7 月中、下旬），亩用助壮素 12~14 毫升，对水 30 千克喷施，以控制棉株横向伸展，改善棉株中下部透光率，推迟封行时间；打顶后 5~7 天，亩用助壮素 16~20 毫升，对水 30 千克喷施，以抑制晚蕾和赘芽的发生，代替人工摘边心，增加铃重、铃数、提高产量。但在化控过程中，应注意以下几个问题：①用量应掌握在先轻后重的原则，应用的时间和次数应根据具体情况而定，棉花长势旺、肥力足的应重控，反之轻控或少控；②旱情重的年份要少控或不控；③喷药后 1～2 小时内遇雨应补喷。

（3）及时抗旱　7 到 8 月份高温少雨，一般连续 7～10 天不下雨，棉叶中午"倒荫"时间较长，必须及时抗旱，方法是早晚沟灌，切忌大水漫灌，抗旱后要浅锄保墒。

（4）适时打顶，摘除无效蕾　棉花一般在 8 月初至 8 月中旬打顶（肥田迟打，瘦田早打），要求立秋打顶结束。打顶应注意选择晴天上午 9 时后到下午 17 时前进行，摘去一叶一心。8 月 15 日以后应摘除无效蕾，或用助壮素每桶 15～20 毫升化控。

（5）追施桃肥　为争结秋桃，争铃重，在棉花打顶后应及时增施桃肥（即盖顶肥），一般施碳铵 15 千克。补桃肥施用，必须在 8 月 20 日前结束。

五、棉花后期管理

时间：8 月下旬至 10 月下旬

目标：防早衰，争秋桃，防烂桃，促早熟。

技术要点：

棉花生长后期，根系开始衰老，吸肥能力减弱，特别在今年特殊气候条件下，棉花伏桃带桃率普遍不高，为了弥补伏桃损失，加强棉花后期管理措施。

（1）补施"盖顶肥"　棉花打顶后没有及时追施补桃肥的，应抓紧时间补施"盖顶肥"，这次肥料对增秋桃、增铃重防早衰至关重要，切不可轻视！一般亩施碳酸氢铵 15 千克，尿素 10 千克。方法以埋施为好，如畦面湿度大的，也可撒施。

（2）叶面喷肥　进行叶面喷肥能起到养根保叶的作用，方法是一桶水（工农 18 型喷雾器）加入美洲星（25 克）一袋和含量为 96% 磷酸二氢钾 100 克（2 两）进行叶面喷雾，每亩棉田 4 桶水。

（3）化学调控　由于近年来大面积抗虫杂交棉的推广种植，特别是前期阴雨之后，棉花"水发"严重田块，如不采取措施，花蕾很难带住。方法是：一支（20 毫升）助壮素一桶（工农 18

型喷雾器）水一亩棉田，进行细雾喷施。喷施时应注意对准果枝顶快速喷雾。这样既能控制果枝过度伸长，又能抑制营养生长，促使养分向花蕾运转，能起到保花保蕾的作用。

（4）及时摘回老熟黄铃，病铃晒干　既不影响棉花品质，又能减少棉花损失。

（5）化学催熟　对于迟发晚熟棉田，为了促进早吐絮，增加霜前花，提高品级，可于 10 月中下旬，选择晴天，桃龄 40天，气温在 20°以上，每亩用乙烯利 150～200 毫升，对水 40～50 千克，喷施棉株中上部。

（6）病虫防治　抓好病虫为害较为严重的时期，防治工作切不可放松。主要病虫害有斜纹夜蛾、棉红铃虫、红蜘蛛、棉叶蝉，以及枯黄萎病和铃期病害。

第二节　棉花轻简化栽培技术

轻简化、工厂化、机械化和组织化是棉花的根本出路。当棉花价格进入高位以后，棉花与粮食和其他经济作物的竞争是技术和服务，技术和服务决定棉花的成败。轻简化、工厂化是关键技术和根本保障。

一、技术要求

（一）基质育苗移栽标准和原则

1. 育苗标准

苗龄 2～3 片真叶；正常年景早播种育苗时间 25～30 天，迟播种育苗时间 20～25 天。苗高 15 厘米，红茎比例占 25%，子叶完整，叶片无斑，叶色深绿，茎粗，叶肥，根多根密根粗壮。

2. 移栽标准和基本原则

移栽标准：地温 18～20℃，成活率 95%，缓苗期 7～10 天，缓苗发棵先长根。基本原则：一是栽深不栽浅，深度 7 厘米。二是栽高温苗不栽低温苗，遇寒潮停止，气温回升后再移栽。三是栽棉如栽菜，栽后要浇水。

（二）规模化关键环节

育苗、起苗（包装、运输）和移栽是规模化应用需要把握好的三个环节，每个环节都同等重要。

1. 育苗环节

分基质苗床育苗和基质穴盘育苗两种。大规模育苗提倡分期分批播种、分期分批起苗，分期分批移栽。培育炼控壮苗是关键。

2. 中间环节

主要抓好起苗、促根剂浸根、装苗、运输和保存等环节。幼苗装入开口的防水盒、盘、箱，不能挤压，不能装入袋中。最大降低消耗和减少根系损伤是保存离床苗的关键，起苗要及时，尽早完成移栽，减少不必要的离床时间。

3. 移栽环节

移栽深度 7～10 厘米，及时浇足安家水，覆土镇压按紧实即可。栽高温苗不栽低温苗，栽爽土不栽湿土。浇足水，棉苗根系压实能自由结合土壤底墒是关键。

4. 注意事项

一是补苗。二是保苗。栽后及时防治地老虎和蜗牛，遇旱需灌溉补水。三是安全使用除草剂。成活后方能使用除草剂。栽前、栽后禁用草甘膦，如果使用草甘膦需在幼苗高度达到 30 厘米之后才能使用。

二、棉花基质育苗移栽技术规程

（一）基质（苗床）育苗技术规程

1. 壮苗指标

苗龄 30～40 天；真叶 2～3 片/株；苗高 15～20 厘米；子叶完整，叶色深绿；叶片无病斑；茎粗叶肥；根多根密根粗壮。

2. 育苗物资准备

种子质量不低于 GB 15671—1995 标准，按每千克 8 000 粒计算用种量。以移栽密度 1 500 株/亩为例，需苗床面积 3 平方米；备种 3 000 粒，育苗基质（重量 12.5 千克，体积 80 升）2 袋，河沙 2.5 袋，促根剂 150 毫升，保叶剂 80 克。另需备育苗竹弓，农膜等。

3. 建床

床址需背风向阳、地势高亢，排水方便，便于管理；庭院育苗要求阳光充足，防家禽家畜破坏，地面平坦。苗床宽 1.2 米，长度按所需苗床面积确定，深 12 厘米，床底铺农膜，膜上装入混合均匀育苗基质厚度 10 厘米。

4. 播种

适时播种。按移栽时间倒推播种时间，空茬棉一般在 4 月初，抓冷尾暖头适时播种；蔬菜茬棉 4 月下旬播种，麦茬棉 5 月上旬育苗，规模化育苗，需分期分批播种。

足墒条种。播前浇足底墒水，以手握基质成团，指缝间有水渗出为宜；以行距 8～10 厘米。粒距 1.2～1.5 厘米划行播种。

5. 苗床管理

温度：苗床以控温管理为主，防止形成高脚苗；棉花从出苗到子叶平展：要求温度保持在 25℃左右；齐苗后：注意调节温度，及时小通风；真叶出生后：温度保持在 20～35℃，上午揭膜通风，下午覆盖；后期：随着气温升高，可日夜揭膜炼苗。

水分：掌握"干长根"原则，苗床以控水管理为主。根据基质墒情、苗情浇水；一般每 2～3 天浇水一次。

灌促根剂：出苗后及时灌促根剂。促根剂 100 倍稀释液细流均匀浇灌在棉苗根部，每平方米苗床灌 4 000 毫升，可以结合灌水进行。

（二）基质（穴盘）育苗技术规程

1. 壮苗指标

同基质苗床育苗。

2. 育苗物资准备

种子质量不低于 GB15671—1995 标准，按每千克 8 000 粒计算用种量。以移栽密度 1 500 株/亩为例，需苗床面积 3 平方米；备种 3 000 粒，育苗基质（重量 12.5 千克，体积 80 升）1 袋，河沙 1 袋，育苗穴盘（100 孔，长 60 厘米、宽 33 厘米、深 4.5 厘米）20 个。另需备育苗竹弓，农膜。

3. 建床

床址需背风向阳、地势高亢，排水方便，便于管理；庭院育苗要求阳光充足，防家禽家畜破坏，地面平坦。苗床宽 1.2 米，可摆放两个穴盘长度按所需苗床面积确定，深 12 厘米，床底铺农膜，膜上装入混合均匀育苗基质厚度 10 厘米。

4. 基质装盘

将混合均匀的育苗基质装入穴盘，刮平盘面，放入苗床备播。

5. 播种

适时播种。按移栽时间倒推播种时间，空茬棉一般在 4 月初，抓冷尾暖头适时播种；蔬菜茬棉 4 月下旬播种，麦茬棉 5 月上旬育苗，规模化育苗，需分期分批播种。

足墒穴种。播前浇足底墒水，以育苗基质湿透，穴盘底部渗水为宜；也可在搅拌育苗基质时加足量水。一穴一粒（或两粒）播种，种子需精选以减少空穴率。

6. 苗床管理

温度。苗床以控温管理为主，防止形成高脚苗。棉花从出苗到子叶平展：要求温度保持在 25℃ 左右；齐苗后：注意调节温度，及时小通风；真叶出生后：温度保持在 20 ~ 35℃，上午揭膜通风，下午覆盖；后期：随着气温升高，可日夜揭膜炼苗。

水分。掌握"干长根"原则，苗床以控水管理为主。根据基质墒情、苗情浇水。穴盘育苗由于基质用量少，易干旱，工厂化分层育苗可结合喷灌设施，以减少灌水用工；小拱棚和蔬菜大棚育苗，需将穴盘紧密码放，无缝隙，底部铺农膜，将水直接浇在底部，使底部膜上积有明水，水深 1 ~ 2 厘米，可减少浇水次数，节省用工。

三、棉花育苗人工移栽技术规程

（一）移栽基本要求

移栽棉苗需是苗床或穴盘基质育成的棉苗；栽前 5 ~ 7 天夜间炼苗；气温稳定在 15℃以上；地温稳定在 17℃以上；苗壮苗匀苗无病。

（二）移栽技术要求

即起苗即移栽。起苗、装苗、运苗和栽苗注意保护棉苗根系；栽健壮苗不栽瘦弱苗；栽高温苗不栽低温苗；栽爽土不栽湿土；栽活土不栽板结土；栽深不栽浅；安家水宜多不宜少。

（三）起苗、扎捆、浸根、包装和运输

1. 苗床基质育苗：爽土起苗

起苗前苗床控水 3 ~ 5 天，用手拨开基质，露出棉苗根系，一手插入苗床底部托苗，一手扶苗，轻轻抖落基质后，50 扎成一捆。

2. 穴盘基质育苗：湿起苗和干起苗

湿起苗。起苗前一天灌水，一手轻挤穴盘底，一手轻提棉苗，每 20 ~ 30 株扎成一捆。

干起苗。起苗前控水 2 ~ 3 天，将苗盘提起，轻轻抖落育苗基质，用手轻轻将棉苗扯起，50 株扎成一捆后，用清水浸根，使根系附着保水剂吸足水分。

3. 分苗、浸根

分苗。剔除病苗、伤苗；大苗、壮苗、健苗和小苗、弱苗、病苗分开，每 50 株一捆，做到分捆分浸分运分栽。

浸根。基质苗床苗需用促根剂 100 倍液浸根 15 分钟。

4. 包装、运输

棉苗离床最好在 12 小时内完成移栽。保存与运输时避免阳光直晒与挤压，保持根部湿润即可，注意通风。用纸箱运苗，底部和四周铺地膜，保存水分，防止根系失水棉苗萎蔫。切记棉苗不能装在尿素袋内，不能装在密封袋内。

5. 保存

当日没有移栽的棉苗，放在亮光处保存，适当补充少量水分。切记不能堆放。

（四）移栽技术

1. 移栽方式

开沟移栽、打洞（穴）移栽。

2. 栽前准备

适期移栽。空茬棉移栽适期为 5 月上中旬；菜茬棉和麦茬棉移栽适期为 5 月下旬至 6 月上旬早施、施足底肥。施肥量与营养钵育苗移栽相同。时间不迟于移栽前的 15～20 天，肥料与棉苗裸根间距 15 厘米，防"烧苗"

足墒、精细整地。移栽地面要求达到地平土松，土细土爽。

3. 移栽流程

开沟、打洞（穴）—放苗—覆土—浇水—镇压—查苗补墒。栽深 7 厘米，棉苗子叶离地面 2～5 厘米，需打洞（穴）深为 10～15 厘米；开沟深 15～20 厘米；安家水以每株 0.5 千克水为宜；覆土后对裸苗根周围土壤进行轻镇压，检查安家水是否到位，幼苗是否倾斜或倒伏，发现后要扶正。

4. 栽后管理

查苗补苗。移栽后出现短时萎蔫属于正常现象，出现个别死苗要及时补上，要保证计划移栽密度。

补水。根据土壤墒情，栽后及时补水，提高移栽成活率，促进早发根，实现壮苗早发。

施肥提苗。棉苗移栽后长出第一片新叶时，适施提苗肥。一般亩施尿素 5 千克。亦可叶面喷施 1%～2% 的尿素 +0.1% 的磷酸二氢钾溶液。

中耕破板结。及时中耕，锄草破板结，促进根系生长。

第五章　夏玉米高产栽培技术

玉米是高产粮食、饲料作物，更是重要的工业原料。随着我国经济社会发展，玉米直接影响国家粮食安全和畜牧、医药等行业的发展。玉米在全椒县山区乡镇种植有悠久历史，有丰富种植经验，产量比较高，是广大农民收入主要来源之一。近年来玉米种植逐渐扩大到其他乡镇，面积还在逐年扩大。因此，为了全面提高全椒县玉米生产整体水平，充分挖掘玉米生产潜力，结合生产实际，现提出收获玉米籽粒增加产量的如下技术意见。

一、玉米主导品种

当前全椒县市场上玉米品种比较多，要选择产量高、抗病性强的品种。选用耐涝渍、耐密型的隆平206、弘大8号等优良品种；以及抗锈病、大穗型的高产品种，如蠡玉16、中科4号、鲁单981、农大108、中单909等优良品种。

（一）隆平206

隆平206是由安徽隆平高科种业有限公司选育的杂交玉米品种，2007年通过安徽省农作物品种审定委员会审定。

（1）特征特性。该品种生育期101天，株型紧凑，一般株高250厘米，穗位高110厘米，穗长15厘米左右，穗粗5.5厘米，穗行数15.8，粒行数32.2，黄粒、白轴、半马齿型，出籽率91%，千粒重366克，品质中等，高抗矮花叶病，中抗小斑病。在多年生产实际中，隆平206表现出抗倒伏性和耐渍涝能力。

（2）产量表现。2005～2006年参加安徽省区域试验共有13个试验点，其中有12个点增产，平均亩产495.8千克，比对照农大108品种增产12.8%；2007～2008年两年参加河南省玉米引种试验，两年平均亩产 591.6 千克，比对照郑单 958 品种增产 3.5%。

（3）栽培技术要点。每亩适宜密度 3 800～4 200株，株距 30 厘米左右。

（二）弘大 8 号

弘大 8 号是由安徽省农业科学院作物所选育的杂交玉米品种，2007 年通过安徽省农作物品种审定委员会审定。

（1）特征特性。苗期长势健壮，株型紧凑，生育期 95～98 天，株高 230～240 厘米，穗位高 94 厘米，穗长 18～22 厘米，穗粗 4.5～5.5 厘米，穗行数 13～16，粒行数 31～36，黄粒、白轴，出籽率 85%～90%，千粒重 318～320 克，品质中等，高抗矮花叶病，中抗小斑病。其优点是丰产性好，活秆成熟，抗南方型锈病、抗青枯、抗倒伏、耐密植，易栽培。

（2）产量表现。2005～2006 年参加安徽省夏玉米高密度组区域试验，两年共有 14 个点次，其中有 12 个点增产，平均亩产 476.6 千克，比对照郑单 958 品种增产 5.6%；2006 年生产试验 7 个点全部增产，平均亩产 485.8 千克，比对照郑单 958 品种增产 4.1%。

（3）栽培技术要点。该品种夏播在 6 月上旬，小麦收获后及时播种，每亩适宜密度 4 000株左右。药剂拌种，播种深度 3～5 厘米，保证一播全苗，播后出苗前用除草剂封闭，每亩用 50% 乙草胺 +40% 阿特拉津进行封闭式喷雾，可在地面形成一层药膜，有效防止杂草生长。重施底肥，亩施 45% 复合肥 40 千克，早追苗肥，5～6 叶期亩施尿素 15 千克左右，苗期用 2.5% 敌杀死防止地老虎，喇叭口期每亩用 3% 辛硫磷颗粒 0.5～2 千克撒入心叶内防治玉米螟，适当晚收获，有利于提高产量。

二、玉米主推技术

（一）提高播种质量技术

玉米是稀植中耕作物，个体自身调节能力小，缺苗容易造成穗数不足而减产。小麦收获后及时抢时早播是关键，播种前要求晒种子 1~2 天，有利于提高发芽率，提前出苗。播种时间 5 月底 6 月初。

（二）"大喇叭口"期施肥增产技术

"玉米顶部呈现大喇叭口状"为大喇叭口期。玉米一生中吸收的氮肥最多，钾肥次之，磷肥最少；玉米苗期吸收量少，拔节到抽雄期对养分吸收速度快，数量多，要求是大喇叭口到抽雄这 10 天左右时间内，是玉米一生中吸收速度最快，数量最多时期。这表明玉米拔节到抽雄期施肥作用最大，是肥料的最大效率期，因此，也是玉米施肥的非常关键时期。抽雄到授粉期，玉米吸收养分速度降低，数量减少，处于低谷阶段。授粉到乳熟期，玉米吸收养分量迅速回升，到乳熟期玉米吸收养分占全生育期的 90% 以上，玉米一生中所需钾肥已经全部吸收。乳熟到成熟期，玉米对氮、磷仍有一定的吸收，尤其是氮肥。因此，乳熟以后仍不能缺肥少水。

玉米各生育阶段施肥效果。根据玉米的需肥性和施肥特点施肥，才能充分发挥施肥的增产效果，玉米苗期对磷肥特别敏感，磷在土壤中移动速度比较慢，因此，磷肥要作为底肥用效果更好。玉米全生育期各个阶段对氮肥都有吸收，大喇叭口至抽雄期和授粉到乳熟期为需氮肥高峰期，并且氮肥在土壤中容易流失，因此，氮肥要分期施用，追施重点是大喇叭口期，此时又称为攻穗肥。大喇叭口期施肥技术：夏玉米生育期正是高温多雨季节，发育进程快。大喇叭口期追肥时间要准确，如农大 108 品种（总叶片 21~22 张）在 10~11 张展开时追肥。大喇叭口期追肥用量要重，一般每亩施 15 千克尿素或 45% 复合肥 20~25 千克。高温季节，防止肥料蒸发，肥料要必须深施。如果土壤干旱，必须带水追肥，施后随即覆土踏严，必须离玉米根部 12~15 厘米，不能太近，以免伤根，影响玉米生长。若遇到阴雨天，可以肥料撒施。

（三）玉米迟收增产技术

玉米迟收增产技术是一项不需要增加任何物质、劳力投入的增产增效技术。一般在玉米苞叶干枯变白，籽粒变硬后，玉米完熟期即籽粒乳线基本消失、基部黑层出现时收获，收获后及时晾晒。早收玉米籽粒不饱满，含水量比较高，容重低，商品品质差。因此，适当晚收，籽粒灌浆饱满，产量能够增加。

（四）综合防治病虫草害

（1）化学除草　玉米播后苗前可喷施 40% 乙阿合剂 150～250 毫升/亩，对水 50 千克进行封闭式喷雾；玉米幼苗 2～5 叶期，杂草 2～5 叶期喷施 4% 玉农乐悬浮剂（烟嘧磺隆）100 毫升/亩进行茎叶除草，也可在玉米拔节前喷施耕杰（主要成分为甲基磺草酮）进行茎叶除草，在无风条件下玉米行间定向喷雾，以免产生药害。

（2）病虫害防治　①苗期用 2.5% 的"敌杀死"1 500 倍药液，或用 50% 辛硫磷乳油 1 000 倍液喷雾，防治地老虎、黏虫、灰飞虱等；②喇叭口期每亩用 3% 辛硫磷颗粒剂 1.5 千克撒入心叶内防治玉米螟。③用 40% 乐果 1 500 倍液防治玉米蚜虫。④防治大小斑病用 40% 克瘟散乳剂 500～1 000 倍液或 50% 甲基托布津悬乳剂 500～800 倍液叶面喷洒。⑤防治锈病用 50% 代森锌水剂 800～1 000 倍液。

第六章 花生优质高产无公害栽培技术

一、严格产地环境

选择生态环境良好、远离污染源并具有可持续生产能力的农业生产区域，农田土壤中各种重金属和有机物污染均处于安全水平范围内，对花生生长无不良影响。如果打算种花生的田块土壤有被污染的嫌疑，要进行土壤检测，检测出有重金属和农药残留污染超出安全指标的要采取土壤修复措施，使其恢复到安全水平。

二、选用优质抗病品种

选用通过国家或本省审（鉴）定并在当地示范成功的优质、抗病、高产花生品种。截至 2007 年，通过国审和本省审定、鉴定的品种有：安徽省自育品种庐花 9 号、华成 1 号、安花 1 号、皖花 1 号、2 号、3 号（黑）、4 号、5 号（黑）、6 号和外省引进品种中农 108 号、开农黑花生（黑）、开农 H03-3、京花 5 号，颖花 1 号、黔花生 1 号；以及目前已在生产中示范种植国审抗青枯病品种豫花 14、远杂 9 102 等。

三、整地施肥，适期播种

1. 整地施肥

冬前每亩施腐熟农家肥 2 000 千克，深耕（逐年进行）冻垡，蓄水保墒，培肥土壤。春播时也可借墒直接免耕点播，以保全苗。一般情况下点播或覆膜栽培于播前耕翻细耙，起垄或开沟做畦。起垄栽培一般四犁做一垄，垄距 80～87 厘米，垄面宽 60 厘米左右，沟宽 25 厘米左右，垄高 12 厘米左右，要求墒平、土融、土实、沟直。整地前每亩施尿素 8 千克（或碳铵 25 千克），磷肥 30 千克，氯化钾 5 千克；酸性缺钙土壤加施生石灰 25 千克（施过磷酸钙的可酌情少施）。

2. 药剂浸种和防治地下害虫

（1）药剂浸种　播前进行种子处理，如预防茎（根）腐病、白绢病等病害，用 50% 多菌灵可湿性粉剂拌种，用药量为种子重量的 0.3%～0.5%（即每千克种子用药 3～5 克），拌药前先把花生种子用少量水湿润，再与药剂拌匀后播种；如防治花生青枯病，每千克种子用绿享一号 1～2 克或黄腐酸 2～3 克，拌匀即可播种。

（2）防治蛴螬等地下害虫　用 48% 乐斯本乳油 200 毫升或 40% 辛硫磷乳油 1 千克或等含量辛硫磷颗粒剂（有 1.5%、3%、5% 等剂型）拌细土（砂）15 千克施于地表 10 厘米土层内；或用 15% 乐斯本颗粒剂 0.6 千克拌土盖种；或用 3% 米乐尔（氯唑磷）颗粒剂 1～1.5 千克，撒施在播种沟内；或用专用型白僵菌 1 千克拌细土播种时按穴散施，也可与杀虫剂药菌混用提高防效。

附：微胶囊悬浮剂和加增效液的辛硫磷颗粒剂：安徽省农业科学院植物保护研究所研制的新型辛硫磷微胶囊悬浮剂已通过安徽省科技厅组织的成果鉴定，20%～40% 辛硫磷微胶囊悬浮剂或 20%～40% 毒死蜱微胶囊悬浮剂或 30% 高效氯氟氰菊酯毒死蜱微胶囊悬浮剂或 35% 毒死蜱·辛硫磷微胶囊悬浮剂可防治花生蛴螬、韭菜地蛆等。

普通辛硫磷农药叶面喷雾一般持效期 2～3 天，普通辛硫磷颗粒剂施入土壤中，持效期可达 1～2 个月，加增效液剂的辛硫磷颗粒剂使传统辛硫磷的持效期由 40 天左右后延长到 100 多天，省工、高效地防治了蛴螬、金针虫等地下害虫，促进了增产、优质、无残留。2009 年市农技推广中心引进河南郑州农贝得农技服务有限公司研究采用辛硫磷"地鹰"颗粒加增效液剂 NB-599 拌种防治花生地下害虫的新技术，有一定的防效。

3. 适期播种

"春要适期，夏要抢时"。春花生露地直播 4 月 20 日左右；地膜覆盖直播可提前 20 天（约提早成熟 7 天），一般在 3 月下旬至 4 月上旬播种。夏花生前茬腾出后立即抢墒播种，不能迟于 6 月 25 日。

4. 播种方法和程序

（1）覆膜播种程序　覆膜仁播春花生一般是先播种后盖膜，程序为：开浅沟（穴）约 4 厘米（—干旱时浇水）—并粒平放或插播种子—覆土平沟（穴）—喷除草剂—覆膜；夏花生一般是先覆膜后打孔播种，程序为：播前 5~7 天趁墒喷除草剂—覆膜—打孔（—干旱时浇水）—播种—盖土。夏花生旱坡地、沙土地不宜覆膜。用光降解膜或花生专用膜覆盖栽培是一项既增产又保护环境减少土壤污染的新技术，示范应用中要注意地膜的质量，按技术要求进行操作。

（2）规格和密度　播种时行距 33 厘米左右（小墒春花生每垄播 2 行，夏花生每垄播 3 行），穴距 16 厘米左右，穴播双粒。春花生亩 0.9 万~1 万穴，夏花生亩 1.1 万~1.2 万穴。

（3）播后芽前化除　①春花生：除草剂每亩用 48% 乙草胺乳油 100~150 毫升，或用 48% 拉索（甲草胺）150~200 毫升，或用 75% 金都尔乳油 100~125 毫升，或用 33% 二甲戊乐灵乳油 75~100 毫升，或用 72% 异丙甲草胺乳油 50~75 毫升，或用 48% 氟乐灵乳油 75~100 毫升（混土），对水 50 千克均匀喷雾，覆膜播种用药量一般为下限，露地直播用药量为上限，播种覆土后喷雾。播种前亩用广佳安乳油 70~100 毫升进行土壤处理，对防除多种一年生杂草和阔叶杂草都有效果。②麦茬夏花生：除草剂每亩用 33% 二甲戊乐灵乳油 100~150 毫升 +24% 乙氧氟草醚乳油 20 毫升，或用 72% 异丙甲草胺乳油 100~150 毫升 +20% 恶草酮乳油 100 毫升，或用 50% 乙草胺乳油 100~120 毫升 +24% 乙氧氟草醚乳油 20 毫升，或用 72% 异丙甲草胺乳油 100~150 毫

升 +15% 噻磺隆可湿粉 8 ~ 10 克，或用 33% 氟乐灵乳油 150 ~ 200 毫升（对于土壤干旱的田块适用，需浅混土），对水 45 千克均匀喷雾。

四、加强田管，保优增产

1. 适时开孔放苗和去土清棵

覆膜花生出苗顶土鼓膜时，及时开孔引苗出土。不论哪种播种方式，当齐苗、有 2 片真叶展现时，应立即推土清棵，放出第 1 对侧枝；当花生有 4 片真叶时，覆膜花生要经常检查，将压在膜下的侧枝抠出来。

2. 苗期化除补救

对前期未能进行化除的田块，也可及时开展化除补救。由于是茎叶处理，宜选用墒情好，阴天或晴天下午 5 点后施药，如在高温、干旱、强光下喷药，花生会出现触杀性病斑。

（1）花生 2 ~ 4 片羽状复叶期的田块　①对于草害发生一般（多为禾本科杂草）的：除草剂每亩用 33% 二甲戊乐灵乳油 150 ~ 200 毫升，或用 50% 乙草胺乳油 120 ~ 150 毫升，或用 72% 异丙草胺乳油 150 ~ 200 毫升，或用 72% 异丙甲草胺乳油 150 ~ 200 毫升，在花生幼苗期、封行前，对水 45 千克均匀喷雾。②对于田间发生大量禾本科杂草与阔叶杂草混生的田块：除草剂每亩 5% 精喹禾灵乳油 50 ~ 75 毫升 +24% 三氟羧草醚乳油 50 ~ 75 毫升，或用 10.8 高效盖草能乳油 20 ~ 40 毫升 +24% 乳氟禾草灵乳油 10 ~ 20 毫升，或用 24% 烯草酮乳油 20 ~ 50 毫升 +24% 三氟羧草醚乳油 50 ~ 75 毫升，或用 12.5% 稀禾定机油乳剂 50 ~ 75 毫升 +24% 三氟羧草醚乳油 50 ~ 75 毫升，对水 30 千克均匀喷雾。对田间杂草密度较大的田块，防治阔叶杂草与防治禾本科杂草的除草剂，应尽量分开施药。

（2）花生 5 片羽状复叶期以后杂草密度较大的田块　①对于禾本科杂草为主的：除草剂每亩用 5% 精喹禾灵乳油 50 ~ 75 毫升，或 10.8 高效盖草能乳油 30 ~ 40 毫升，或用 24% 烯草酮乳油 20 ~ 50 毫升，对水 30 千克均匀喷雾。②对于田间发生大量禾本科杂草与阔叶杂草混生的田块：除草剂用药量基本与花生 2 ~ 4 片羽状复叶期防治相同。

3. 及时防病治虫，视苗情及时追肥化控

（1）及时追肥　对基肥未施或施用不足的田块，在始花前及早追施苗肥，一般亩用尿素 2.5 ~ 5 千克、过磷酸钙 10 ~ 15 千克拌土撒施或开沟条施；长势差的田块要在花针期追肥，一般亩用尿素 2.5 ~ 5 千克、过磷酸钙 10 ~ 20 千克拌土撒施。

（2）及时防治病虫害　对茎腐病用 50% 多菌灵和 70% 甲基托布津适量防治。对褐斑病、黑斑病、枯斑病、炭疽病等，发病初期用 50% 多菌灵可湿性粉剂 1 000 倍液、或 80% 代森锰锌可湿性粉剂 500 倍液、或亩用 10% 世高水分散性颗粒剂 50 ~ 80 克（对水 50 千克）喷雾防治，连喷 2 ~ 3 次，每次间隔 7 ~ 10 天。对锈病，发病初期用 12.5% 烯唑醇（速保利）可湿性粉剂 4 000 ~ 5 000 倍液喷雾防治。对立枯病，在花生苗期可用井冈霉素水剂 2 000 倍液喷雾防治。对病毒病，发病初期用 1.5% 植病灵乳油 1 000 倍液、或用 20% 病毒 A 可湿性粉剂 500 倍液喷雾防治，连喷 2 ~ 3 次，每次间隔 7 ~ 10 天。防治花生蚜虫 10% 吡虫啉（蚜虱净）可湿性粉剂 1 000 倍液等喷雾防治。对甜菜夜蛾、棉铃虫，用 5% 抑太保乳油 2 500 ~ 3 000 倍液或 Bt 可湿性粉剂（16 000 国际单位/毫克）1 500 倍液喷雾防治。补治蛴螬每亩用 48% 乐斯本乳油 200 毫升或 25% 辛氰乳油 100 毫升在花生初花期对足水量对根部喷雾。

（3）及时化控　对植株有徒长现象的，喷施缩节胺或多效唑抑制花生地上部生长。缩节胺在花生下针期至结荚初期两次施用效果更好，一次每亩用缩节胺原粉 6 ~ 8 克，先将其溶于少量水中，再加水 40 千克，均匀喷施叶面。多效唑施用时期，春花生为结荚前期，夏花生为下针后期至结荚初期，或者主茎高度为 35 ~ 40 厘米时，每亩用 15% 可湿性粉剂 30 ~ 50 克对水 40 ~ 50

千克，叶面喷施，做到不重不漏，一般一次即可。

（4）及时叶面喷肥　7月中下旬对出现脱肥现象的田块，可结合进行肥药混喷，每亩用180克磷酸二氢钾（0.3%溶液）加尿素300克（0.5%溶液）再加50%多菌灵200克，对水60千克喷雾。

4. 适时灌溉

花生虽是旱作物，但在开花结果期遭遇严重干旱会造成减产。当花生连续几天叶片上翻、卷叶，经过夜露第二天早晨仍不能恢复正常，甚至叶片出现零星褐色枯斑时（非叶斑病症状），有条件的必须抗旱浇水，采取喷灌或沟灌，一般傍晚或夜里进行。花生在收获前4~6周遇旱，容易遭受黄曲霉毒素污染，适时浇水，可减轻污染。

五、夏花生管理技术要点

1. 夏花生生育特点

夏花生的整个生育期处在6月初至9月下旬气温较高的季节里，其生长发育有着与春花生不同的特点：

①生长发育快。中熟大果花生品种，春播生育期140天左右，夏播仅120天左右。②有效花期短，一般情况下，中熟大果品种，春花生有效花期为37天，夏花生仅有13天。③单株生产力低。据试验，同一品种、同等生产条件下，单株结果数春播平均17.2个，夏播仅11.6个；单株生产力春播平均16.98克，夏播只有12.1克。④生育后期受灾隐患大，夏播花生前期、中期温度高，能满足花生生长发育需要，但后期年份间差异较大，阴雨、低温等会造成荚果发育缓慢，籽仁不饱而最终影响产量。

2. 夏花生管理技术要点

夏花生要夺取高产，除了要施足基肥外，关键要抓好"早、全、密、保、促"5个字。

①早：前作腾茬后施足基肥早整地，提早于6月15日前播完。免耕贴茬播种的要早灭茬、早施肥，促苗早发。选用豫花

14、远杂 9102、皖花 4 号、2 号、滁白花 1 号等早熟品种，以增加产量，提高品质。②全：做到一播全苗，把好种子、整地、水分等各个环节，尽量做到粒粒种子都能顺利发芽，达到苗齐、苗匀、苗壮。③密：夏花生一般营养体较小，应适当加大种植密度。一般 2 米墒种 6 行花生，穴距 17 厘米，每亩 1.1 万 ~ 1.2 万穴，每穴 2 粒。④保：病虫害防治及时，保护好绿叶面积，防止早衰脱落。⑤促：根据夏花生的生育特点，管理上以促为主。对一般田块一促到底，做到早清棵、早追肥、适时叶面补肥等。夏播花生提倡地膜覆盖栽培。

第七章　蔬菜栽培技术

第一节　大棚早春茬黄瓜栽培技术

一、品种选择

早春茬黄瓜宜选早熟、耐低温弱光、高产优质品种。如新泰蜜刺、中研16号、宁黄瓜1号、津优1号等。

二、培育适龄壮苗

大棚黄瓜适宜苗龄40～45天，播种期为2月初，多层大棚覆盖可于元月中下旬育苗。

1. 苗床土配制

可用5份过筛园土（3年内未种达黄瓜的园土），2份过筛腐熟厩肥、3份腐熟猪粪，混合均匀。每方土掺入草木灰10千克及多菌灵或甲托80克，敌百虫60克。

2. 种子处理与播种

种子先用60℃温水浸种，并不断搅拌，温度降至30℃时，再浸泡4小时。然后将种子搓洗干净，进行催芽，催芽温度白天保持25～30℃，夜间18℃。为预防黄瓜枯萎病，可在浸种前用100倍福尔马林浸泡种子10～20分钟，充分洗净后浸种催芽。出苗后撤掉地膜，在苗床上撒少许保湿增温。

3. 苗期管理

（1）温度管理

名称	白天温度（℃）	夜间温度（℃）
播种—拱土	28～32	20～18

续表

名称	白天温度（℃）	夜间温度（℃）
苗齐后	20 ~ 25	15 左右
第二片真叶展开	25 ~ 28	15 ~ 10
定植前 7 天	25 左右	12 ~ 8

（2）水分管理：苗期一般不浇水，若缺水可在上午向苗上喷与气温相同的温水，每 15 克水中加 25 克磷酸二氢钾等。

三、定植

1. 整地施肥

定植前 7 天，亩施腐熟的农家肥 5 000 千克，饼肥 150 千克，三元复合肥 50 千克，钾肥 15 千克，并同时喷洒多菌灵粉剂 1.5 千克，敌百虫 1 千克，然后深翻耙细整平，做到无颗粒，无卧坠，实现平、松、润的标准。

2. 定植

选冷尾暖头晴天上午定植，采用大棚内扣小拱棚，盖地膜，小拱棚夜间盖草帘，小高垄（宽 70 厘米，沟距 80 厘米）栽培，株距 26 ~ 33 厘米，亩栽 4 000 株左右。

四、定植后的管理

1. 温度管理

名称	白天温度（℃）	夜间温度（℃）
缓苗期	28 ~ 32	20 ~ 18
缓苗后的根瓜采收	25 ~ 28	18 ~ 15
结瓜期	28 ~ 32	18 ~ 15

2. 肥水管理

缓苗后为加速生长可在膜下浇一次缓苗水（井温水），随水冲施些饼肥 100 千克/亩，根瓜采收前追肥浇水（以后追肥浇水也在采瓜前进行，且在晴天进行），亩施尿素 20 千克，钾肥 15 千克；结瓜期亩施尿素 20 ~ 30 千克，硫酸钾 20 千克，磷肥 10 千克，7 ~ 10 天/次，同时进行叶面追肥（0.3% 尿素 + 0.2 磷酸二氢钾 + 双效活素，5 ~ 7 天/次）。

3. 整枝吊蔓

及时整枝吊蔓，摘除老、病、黄叶等；瓜蔓绕绳往上攀缘，秧顶与棚膜保持 40 ~ 60 厘米距离，过长秧要落盘。

五、黄瓜病虫害防治

主要有蚜虫、白粉虱、霜霉病、白粉病、炭疽病、灰霉病等病虫害。

1. 虫害

可用敌杀死、蚜青灵防治。

2. 病害

霜霉病用 40% 乙膦铝 200 倍液，或用 25% 百菌清 600 倍液或 45% 百菌清烟剂熏烟 [50 米棚/（3 ~ 4）片]；白粉病用 15% 粉锈灵 1 500 倍液或 30% DT 胶悬剂 500 倍液防治；炭疽病用 70% 代森锌 400 倍或 50% 多菌灵 800 倍液防治；灰霉病用 50% 速克灵 1500 倍液或 50% 甲基托布津 400 倍液防治。

第二节　大棚番茄栽培技术

一、品种选择

大棚番茄一般选用中研 958、宝冠 1 号、金棚 5 号等优良品种。

二、培育适龄壮苗

壮苗标准是：苗高适中（20 ~ 25 厘米），节间较短、茎秆粗壮且上下一致，具 7 ~ 8 片叶，叶片掌状，小叶片大、叶柄粗短，叶色浓绿，现大蕾但未开花，子叶不过早脱落或变黄，幼苗大小一致等。

1. 种子处理

用高锰酸钾 1 000 倍液浸泡 15 ~ 20 分钟或 10% 磷酸三钠 20 分钟或 5% 福尔马林溶液浸泡 15 ~ 30 分钟，取出后用清水洗净，经过消毒的种子可用温水浸种（即将种子放入 20 克温水中浸泡 6 ~ 8 小时，揉搓冲洗干净待播。

2. 苗床土配制

育苗营养土用 3 年内未种过茄科作物的园土 50% 和腐熟的优质农家肥 50%，每方营养土中掺三元复合肥 2 千克，50% 多菌灵 100 克，土肥要掺拌均匀。有地下害虫的要加适量 3% 辛硫磷颗粒剂。

早春茬栽培时做好苗床，浇透底水，播种，盖 1 厘米厚细土，覆地膜搭小拱棚，待种子顶土后去掉地膜。

3. 适时分苗

采用营养钵［(8 ~ 10) 厘米 × 10 厘米］育苗：在幼苗 2 ~ 3 片真叶时，分苗于营养钵，浇足定根水，覆少许营养土，插弓，覆膜（或遮阳网）。

三、苗期管理

1. 温度管理

名称	白天温度（℃）	夜间温度（℃）
出苗前	28 左右	20 ~ 18
出苗后至第一片真叶	20 ~ 25	15 ~ 10
第一片真叶至第二片真叶	25 左右	15 ~ 12
分苗后	25 ~ 28	20 ~ 15
缓苗后	22 ~ 25	15 ~ 12
定植前一周	15 ~ 20	10 左右

2. 湿度管理

土壤湿度保持 70% ~ 80%。

四、定植

1. 整地做畦

大棚栽培番茄，应及早翻耕和施足基肥，一般亩施腐熟的农家肥 5 000 千克，三元复合肥 40~50 千克，深翻打碎土块，耙平。早春茬栽培，做畦要在定植前 5 天完成并实行覆盖，扣好大棚，提高地温。

2、定植

选冷尾暖头晴天上午进行，定植前一天苗床浇透水，喷一次500 倍 75% 百菌清可湿性粉剂（即带药栽培）。

五、定植后的管理

1. 光照

早春茬栽培，要增加光照强度，即按时揭盖草帘，清洁棚面，必要时可在棚内挂灯泡进行补光。

2. 温度

名称	白天温度（℃）	夜间温度（℃）
缓苗前	28~32	20~15
缓苗后至始花	25 左右	15~12
开花结果期	25~30	15~10

3. 肥水

缓苗后视天气和土壤湿度，需灌水，可在上午从膜下浇一次缓苗水，在第一穗果鸡蛋大小前既不追肥也不浇水，促进根系发育。第一穗果鸡蛋黄大小时开始追肥浇水，亩追三元复合肥 15 千克，尿素 10 千克，天气好时可随水冲施。第二穗果膨大时亩施二铵 10 千克，尿素 15 千克，钾肥 15 千克。

4. 整枝绑蔓

多采用单干或一干半整枝方法，留 3~4 穗果。

5. 防止落花落果

采用 2,4-D 沾花〔20×10^{-6}/20℃ 以下或 10×10^{-6}/

（20～30℃）〕或丰产 2 号剂（8 毫升/瓶）加水〔750 克/（20～25）℃或 500 克/20℃以下或 1 000 克/25℃以上〕。

6. 乙烯利催熟

一般采用棵上催熟方法，即 500～1 000毫克/千克乙烯利喷果处理或用 2 000毫克/千克涂抹果柄、果蒂及果面上。

五、番茄病虫害防治

病虫害主要有早疫病、叶霉病、灰霉病、病毒病、棉铃虫、蚜虫、白粉虱等。

1. 病害

早疫病可用 80%代森锰锌可湿性粉剂 500 倍液或 40%抑霉灵可湿性粉剂加 40%灭菌丹可湿性粉剂（1∶1）1 000倍液轮流喷雾防治。

叶霉病可用 80%代森锰锌可湿性粉剂 500 倍液或农抗 Bo-10 的 250 倍液或 30%百菌清烟剂〔300 克/（亩·次）〕。

灰霉病可用速克灵、扑海因、灭霉威可湿性粉剂 800 倍液等药轮换使用，阴雨天可使用 15%速克灵烟剂〔200 克/（亩·次）〕。

病毒病可用病毒 A、植病灵、病毒 K 等药防治。

2. 虫害

可用 50%克蚜宁乳油 1 500倍液或 2.5%天王星乳油 2 000倍液喷雾防治，蚜虫、白粉虱可用蚜青灵、吡虫啉等药防治。

第三节　大棚辣椒栽培技术

一、品种选择

主要有苏椒 5 号博士王、早抗 1 号等优良品种。

二、培育壮苗

1. 种子处理

把种子放在太阳下晒半天，用 55℃温水浸 15 分钟，后放入

30℃温水中浸泡 4～5 小时，并不停搅拌，再用 10% 磷酸三钠浸 20 分钟，用清水冲洗干净后即可播种。

2. 苗床制作及播种

苗床要选地势较高，排水方便，近 2～3 年未种过茄科作物的肥沃地块，营养土配制方法可参照番茄育苗。

3. 播种及管理

（1）早春茬： ①播种：将种子均匀撒播于浇足水的苗床上，覆细土 1 厘米，覆地膜，拱上小拱棚。即将出苗时，揭去地膜。

②管理

名称	白天温度（℃）	夜间温度（℃）
播种后	28～30	20～18
出苗后	25 左右	15 左右

其中，幼苗子叶展平后要进行一次间苗。

秋延　播种后，采用遮阳网育苗，主要是降温、保湿、促苗生长。

4. 分苗及管理

幼苗两片真叶展平时即可进行分苗，一般采用营养钵分苗（8 厘米 ×10 厘米），苗距 10 厘米 ×10 厘米。

早春茬温度管理：

名称	白天温度（℃）	夜间温度（℃）
分苗后	28～30	20～18
缓苗后	25～28	15 左右
定植前 7 天	20～25	15～12

秋延辣椒：苗期主要搭大棚遮强光、降温，日盖晚揭。特别要注意水分供应，保持苗床湿润，切忌忽干忽湿，宜用洁水、凉

水浇苗，雨天注意盖网膜，避免暴雨冲床导致倒苗，床土过湿。

三、定植

1. 整地施肥

一般亩施腐熟的有机肥4 000千克，二铵40千克或三元复合肥40千克。深翻并打碎土块、细耙，使土肥充分混合。

2. 定植

选晴天上午定植，株行距35厘米×30厘米，亩栽3 500～4 500株。

四、田间管理

1. 温度管理

名称	白天温度（℃）	夜间温度（℃）
缓苗期	28～30	20～18
缓苗后	25～28	18～16

2. 肥水管理

对辣椒坐果后追一次肥，亩追尿素10千克，三元复合肥20千克；

八面风椒坐果后追一次肥，亩追尿素15千克，氯化钾15千克；

满天星坐果后再追一次肥，亩追三元复合肥40千克，追肥和浇水一般同时进行。

3. 整枝保花果

门椒以下的侧枝及时抹掉，及时去除植株下部的病、老叶，可用20～30毫克/千克2,4-D涂抹花柄，保花保果，增加产量。

五、辣椒病虫害的防治

主要有蚜虫、小菜蛾、菜青虫、白粉虱、猝倒病、病毒病、炭疽病、疫病等。

1. 虫害

可参照黄瓜虫害防治部分。

2. 病害

猝倒病可用百菌清、杀毒矾等药防治；病毒病可用植病灵、病毒 A、病毒 K 等药防治；炭疽病可用甲基托布津、代森锰锌等药防治；疫病可用乙膦铝·锰锌、甲霜灵锰锌、疫毒灵等药防治。

第四节　大棚芦蒿栽培技术

芦蒿又名蒌蒿、香艾、柳蒿、黎蒿等，为菊科蒿属多年生草本植物。芦蒿在日平均温度 4.5℃以上时开始萌发，在土壤中越冬的地下茎长出上侧芽（潜伏芽），破土形成新苗。茎生长最适温度为 12~18℃，20℃以上茎秆迅速老化。芦蒿喜湿耐肥，在旱地和浅水中均可生长良好。喜冷凉和光照充足的气候，但温度适应范围较广，地下部分可露地越冬。且根部耐旱，在夏季高温干旱条件下，植株生长不良，但不易死亡。适应性强，对土壤条件要求不严格。在肥沃的沙质土壤中更适宜生长，在生长过程中，只要温度适合，可周年生长，无明显休眠期。

一、品种选择

大棚栽培一般选择大叶青秆芦蒿，该品种茎秆淡绿色，粗而柔嫩、耐寒、萌发早，抗病品质好，产量高等优点。

二、整地施肥

栽培芦蒿的大棚地块应选择潮湿、疏松、肥沃的沙壤土或冲积土为最佳。每亩施腐熟有机肥 3 000 千克，复合肥 100 千克，结合耕翻、晒垡，分层施入，整地作畦，畦宽 5.3~5.6 米，畦沟深 20~25 厘米，沟宽 30 厘米。

三、繁殖方法

芦蒿以无性繁殖为主，选择粗壮的种株平地割下，截去顶梢柔嫩部分和基部老化部分，取中部半木质化茎秆，截成 10~25 厘米长小段，扎成小把，浸入水中 22~24 小时；或用 80% 敌敌畏乳油，按每立方米用量 1～2 毫升熏蒸 2～3 小时，然后在阴凉通风处放置 7～15 天，待须根发出后栽种。采用茎秆扦插法栽种，将处理过的种株茎秆，按行株距 10 厘米×15 厘米斜插在畦面上并浇透水。

四、覆盖前田间管理

栽种活棵前，每天清晨 7：00 浇水，保持畦面湿润，促进植株成活。在高温干旱期间，应灌水抗旱，汛期或大雨后应及时排涝降渍，防止田间积水。9 月下旬至 10 月上旬，每亩追施有机复合肥 50 千克或尿素 10 千克，促进根状茎和生长，防止后期早衰。8 月上旬至 9 月，在现蕾开花前及时打顶。

五、覆盖棚膜及田间管理

植株被严霜打枯后，割去地上植株，清除残枝枯叶，操作时注意不能碰断地面嫩芽，每亩撒施有机复合肥 50 千克，浅松土。土壤过干要补充水分，覆盖前 7～10 天停止浇水，切忌覆盖前土壤水分过多。棚模覆盖时间于 11 月中下旬或 12 月上旬进行，采用大棚加浮面地膜覆盖，方法是用地膜贴地面覆盖，同时扣好大棚膜，棚四周压严压实。大棚温度管理，晴天白天气温控制在 17～20℃，最高不超过 25℃，阴雨天保持在 8～12℃，温度过高，茎秆易老化，温度过低，生长缓慢。盖膜后，一般不浇水。芦蒿茎苗出齐后，喷施一次叶面肥，促进苗色转绿。当嫩茎长至 10～15 厘米（即上市前 7～10 天），每亩用含量 75%～80% 赤霉素粉剂 5～10 克，对水 50 千克进行叶面喷施。

六、采收

大棚覆盖后，需 40 天左右，株高长到 25～30 厘米，用锋利的刀子平地面割下，收割可一次收割或割高留低，分次进行，将采收的嫩头去叶，分级捆把上市。也可喷清水在阴凉处堆放，并盖草捂 48 小时进行软化处理，以后去叶上市。

七、病虫害防治

芦蒿进入生长旺盛期，应注意防治玉米螟、象鼻虫、棉铃虫、刺蛾及蚜虫等为害，可用抑太保、蚜虱净、锐净特等药剂进行防治。冬春大棚内当叶出现病害时，可用多菌灵、甲基托布津或粉锈灵等药剂防治。

第五节　大棚芦蒿、春毛豆、伏青菜高效种植技术

大棚芦蒿、春毛豆、伏青菜一年三熟高产高效栽培模式，一般可亩产芦蒿1 000千克，毛豆500千克，伏青菜600千克，具有较好的经济效益。

一、品种选择

芦蒿选用早熟、高产、耐寒、味浓的大叶青茎品种，毛豆选用早熟、大粒、高蛋白的优质品种如宁蔬60、台湾292，青菜选用耐热、抗性强的矮杂1号、热抗青等品种。

二、茬口安排

大棚跨度为6米。芦蒿于7月中下旬定植，12月初扣棚，翌年1月至3月上旬上市；早毛豆于3月上旬点播于大棚内，5月底至6月初采收上市；小青菜于6月中旬播种，7月上中旬收获结束。

三、主要栽培技术

1. 芦蒿

苗床与大田比为1∶10，选择疏松、肥沃、保水性好的沙壤土田块种植，忌连作。定植前每亩施有机肥3 000～4 000千克、腐熟饼肥75～100千克、尿素30千克作基肥，深耕晒垡。选用上年末收割或只割了1次的芦蒿作种苗。定植时剪去芦蒿顶部嫩梢，每枝留15～20厘米长。按行距40厘米、株距25～30厘米栽插，每穴栽1～2枝，栽后压紧土，浇透水。于播前用氟乐灵进行土壤处理，或用盖草能、精禾草克防除杂草。虫害可用抗虫威、万灵等药剂防治，遇高温干旱天气及时补水，保持田间湿润。8月中旬和9月中旬可视植株长势，结合浇水追施2次肥，

一般每次每亩施尿素 10 千克。12 月初当气温降至 15℃ 以下时，齐地割去芦蒿的地上部分，再每亩施人粪尿肥 3 000 ~ 4 000 千克或有机复合肥 50 千克，隔 5 ~ 7 天后铺地膜并扣大棚，大棚四周压实。棚温白天控制在 20 ~ 25℃，夜间控制在 12 ~ 15℃，湿度控制在 80% ~ 90%。当芦蒿地上茎长至 10 ~ 15 厘米高时，用80 ~ 100 毫克/千克浓度的赤霉素液加 2.5% 的增白剂、增粗剂各 30 毫升喷雾。茎长到 25 ~ 35 厘米高时齐地割下上市，一般可割 2 ~ 3 茬。

2. 早毛豆

早毛豆播种前，每亩施有机肥 2 000 千克、25% 蔬菜专用肥 50 ~ 75 千克。按行株距 30 厘米 × 30 厘米或 40 厘米 × 25 厘米播种，每穴播种 2 ~ 3 粒，每亩播种量 6 ~ 7 千克，播后浇透水并铺地膜，膜四周用泥压实。出苗后及时破膜放苗，适时进行定苗，每亩留苗 1.3 万 ~ 1.6 万株。毛豆生长中期施好促花肥、结荚鼓粒肥，每次每亩结合浇水施尿素 10 千克。采收前 15 天，用浓度为 0.3% ~ 0.5% 的磷酸二氢钾液、浓度为 1% ~ 2% 的尿素液或惠满丰 300 ~ 400 倍液进行根外追肥。注意防治病虫害。

3. 伏青菜

毛豆拉藤后整地作畦。播前 1 天浇透水，每亩播种量 1 ~ 1.5 千克，播后轻淋盖籽粪水，在畦面上搭高 40 ~ 50 厘米的架，覆盖遮阳网防高温。青菜生长期内要多次追施稀粪水。及时防治菜青虫、小菜蛾等害虫。

第六节　无公害马铃薯生产技术规程

1. 品种选择

选用抗病、优质、丰产、抗逆性强、适应当地栽培条件、商品性好的各类专用品种。如东农 303、克新 4 号。

2. 催芽

（1）种薯催芽　播种前 15 ~ 30 天将冷藏或经物理、化学方法人工解除休眠的种薯置于 15～20℃、黑暗处平铺 2～3 层。当芽长至 0.5～1 厘米时，将种薯逐渐暴露在散射光下壮芽，每隔 5d 翻动一次。在催芽过程中淘汰病、烂薯和纤细芽薯。催芽时要避免阳光直射、雨淋和霜冻等。

（2）切块　在播前 4～7 天，选择健康的、生理年龄适当的较大种薯切块。切块大小以 30～50 克为宜。每个切块带 1～2 个芽眼。切刀每使用 10 分钟后或在切到病、烂薯时，用 5% 的高锰酸钾溶液或 75% 酒精浸泡 1～2min 或擦洗消毒。切块后立即用含有多菌灵（约为种薯重量的 0.3%）或甲霜灵（约为种薯重量的 0.1%）的不含盐碱的植物草木灰拌种，并进行摊晾，使伤口愈合，勿堆积过厚，以防烂种。

3. 整地施肥

深耕，耕作深度 20～30 厘米。整地，使土壤颗粒大小合适，亩施农家肥 3 000 千克，三元复合肥 40 千克，尿素 15 千克。

4 播种

（1）时间　根据气象条件、品种特性和市场需求选择适宜的播期。一般土壤深约 10 厘米处地温为 7～22℃ 时适宜播种。

（2）深度　地温低而含水量高的土壤宜浅播，播种深度约 5 厘米；地温高而干燥的土壤宜深播，播种深度约 10 厘米。

（3）密度　一般早熟品种每亩种植 4 000～4 500 株。

（4）方法　马铃薯宜垄作，并采用地膜覆盖

5. 田间管理

（1）中耕除草　齐苗后及时中耕除草，封垄前进行最后一次中耕除草。

（2）追肥　视苗情追肥，追肥宜早不宜晚，宁少毋多。追肥方法可沟施、点施或叶面喷施，施后及时灌水或喷水。

（3）培土　一般结合中耕除草培土 2～3 次。出齐苗后进行第一次浅培土，显蕾期高培土，封垄前最后一次培土，培成宽而高的大垄。

（4）灌溉和排水　在整个生长期土壤含水量保持在60%～80%。出苗前不宜灌溉，块茎形成期及时适量浇水，块茎膨大期不能缺水。浇水时忌大水漫灌。在雨水较多的地区或季节，及时排水，田间不能有积水。收获前视气象情况7～10天停止灌水。

6. 病虫害防治

马铃薯虫害较少，主要有蚜虫，可用10%吡虫啉防治；病害主要是晚疫病、发病用75%百菌清可湿性粉600倍液防治。

第七节　大棚茄子早熟栽培技术

（1）选择适宜品种　宜选择耐弱光和低温、生长势中等的、门茄节位低、易坐果、果实发育速度较快的品种。目前采用的主要品种有孟卖（韩国）、苏崎茄等品种。

（2）早育适龄秧苗　应提早在10月中、下旬育苗，11月中、下旬分苗于大棚苗床或营养钵中，于低温来临之前分苗成活。茄子幼苗耐低温的能力比辣椒弱，应加强越冬的保温措施，采用三层覆盖为宜。

（3）严格土壤消毒，重施基肥　茄子栽培的关键是防止黄萎病的发生，保证苗全。比较成功的经验是重视土壤消毒，于前作收获后土壤翻耕之前，每亩撒生石灰200千克。茄子耐肥，对土壤肥力要求高，因此要重施基肥，每亩施有机肥4 000千克，饼肥100千克，三元复合肥40千克，基肥的施用采用全层撒施为宜。

（4）整地覆膜　基肥施入后应立即整地作畦。整地作畦后随即覆盖地膜。整地覆膜应于移栽前10天完成。

（5）提早定植，合理密植　大棚栽培春茄子，应提早在2月上旬抢晴天定植。每畦种2行，株行距35厘米×（50～60）厘米。定植后立即浇透水，并用土杂肥或细土封严定植孔。

（6）大棚管理 ①温、湿度调节。生长前期以闭棚保温为主，促苗成活，早生快发。当晴天气温回升快时，应于中午前后2小时揭膜放风；阴雨天则闭棚保温。当气温稳定通过15℃以上时，要加强揭膜放风；无风无雨的夜晚，可进行敞棚，促苗稳健生长。当气温稳定通过20℃以上时，可以大敞棚，但顶膜不拆除，仍可作避雨之用，可防连续阴雨，田间湿度大而诱发病害流行。②整枝打叶。茄子进入始花期后，基部侧芽萌发多，既消耗养分，又影响通风透光，应及时整枝。整枝宜采用三杈整枝，即第一分叉下仅保留一个健壮侧枝，其余侧枝抹除。待保留侧枝结一果后，摘心。此法可增加茄子的早期产量。茄子生长中期，基部老叶功能丧失，成为无用之叶，为使冠丛中通风透光良好，多结果、结大果、结好果，使果实色泽鲜亮，又减少老叶传染病菌的机会，应及时打掉老叶。③激素保果。大棚茄子结果前期气温偏低，常因低温而引起落花落果，用 30～40 毫克/升倍浓度的2，4-D 涂抹果柄，或用 30～40 毫克/升倍浓度防落素喷花。④及时采收。大棚栽培茄子在 4 月下旬可陆续采收上市，对于根茄要早摘，对于对茄、四门茄要勤摘。间隔 2～3 天采收 1 次，既抢市场价格，又促后续果实的发育，保证连续高产。⑤病虫害防治。茄子的主要病害有黄萎病、绵疫病。对于黄萎病的防治重在轮作，严格土壤消毒，重施生石灰。近年来日本采用茄子嫁接换根技术防治该病效果显著。对于绵疫病可在发病初期用可杀得喷雾防治。茄子的虫害主要有蚜虫、棉铃虫、二十八星瓢虫、茶黄螨等。蚜虫用敌蚜螨防治；棉铃虫、二十八星瓢虫用功夫或卡死克喷雾防治；茶黄螨用哒螨酮、克螨丹防治。

第八节 大棚莴笋栽培技术

1. 品种选择

选择抗病、优质、丰产、抗逆性好、外观和内在品质好的品种，如正兴三号、特耐寒二白皮、青香冠军等。

2. 播种育苗

冬莴苣播种期可选在 9 月上中旬；定植期在 10 月上中旬；扣棚期在 11 月中下旬。

（1）种子低温处理　用纱布包好种子放在清水中浸泡 5 ~ 6 小时，清水冲洗，沥干后用湿纱布盖好，放入冰箱的冷藏室内，每天用清水冲洗一次，低温处理 3 ~ 4 天，待 60% 的种子露白，即可播种。

（2）播种　选择肥沃、疏松的土壤作苗床。每 10 平方米苗床可施腐熟过筛有机肥 100 千克，与土壤混匀。播前浇足底水，适当稀播，每 10 平方米播 1 克种子，播种后用草帘或遮阳网作浮面覆盖，小苗 50% 出土后，立即揭去覆盖物。苗龄 28 ~ 30 天，有 4 ~ 5 片真叶就可以定植。

3. 定植

定植前将大棚地深翻晒垡，每亩施腐有机肥 4 000 千克，复合肥 70 千克，撒施、翻耕细耕，与土壤充分混匀、深沟高畦，地膜覆盖按行距 25 厘米，株距 33 厘米打定植孔，移栽，浇足定根水。

4. 田间管理

（1）覆盖保温　定植后，暂不盖大棚，待 11 月中旬当外界低温达 5 ~ 6℃时，塑料大棚开始盖薄膜。

（2）肥水管理　冬莴苣在肥水管理上一要促早发棵，发大棵；二要使莲座叶充分生长，开展度要大，增大叶面积，为嫩茎的长粗打好基础。要求追肥 3 ~ 4 次，第一次在定植活棵后施一次，以淡水粪为主；第二次在进入莲座期生长时施速效性氮肥，每亩施 5 ~ 10 千克尿素，以促进莲座叶的生长；第三次在茎基部开始抽生肥大时追施一次重肥，每亩施 25 ~ 30 千克三元复合肥，以促使嫩茎肥大。同时，在肉质茎形成初期，结合根外追肥，喷施磷酸二氢钾和叶面宝。每次施肥后都应结合浇水一次。

5. 病虫害防治

冬莴苣主要病害有霜霉病、软腐病、病毒病、灰霉病及菌核病；主要虫害有蚜虫、蓟马、地老虎等。蚜虫可用40%乐果乳剂800～1 000倍液，或用40万灵3 000倍液防治，地老虎用敌百虫拌毒饵诱杀。霜霉病和菌核病可用70%百菌清可湿性粉剂600倍液或50%速克灵可湿性粉剂1 000倍液交替防治。灰霉病发病初期选用50%速克灵和50%扑海因可湿性粉剂700～1 000倍液或40%的克霉灵可湿性粉剂500倍液防治。

第九节 大棚韭菜栽培技术

1. 品种选择

选择叶片宽、直立性好、产量高、回根晚、休眠期短、抗病、耐低温、品质好的品种，如平韭6号、平韭4号等。

2. 播种育苗

大棚覆盖栽培韭菜，可将播种期提早到3月上旬。选用肥沃的砂质壤土作苗床。播种前7～10天覆盖好大棚膜。韭菜出土力较差，播前须精细整地，地要平整，土粒要细，以利于出苗。干籽播种，采用撒播方法。每亩秧田播种量5～6千克，播后适当镇压，浇水要均匀，再盖上营养土，以盖没种子为度。然后再在畦面上铺一层旧薄膜，保温保湿。出苗后，揭去旧薄膜，齐苗后可浇稀薄的人畜粪1次，定植前再追肥2～3次，每亩苗床每次应追施尿素20千克或复合肥30千克，适当浇水保持苗床湿润，及时拔除杂苗、杂草，每亩用敌百虫0.5～1千克，稀释后泼浇防止韭蛆。

3. 定植

6月上旬至7月上旬，株高18～20厘米，4～6片叶，苗龄50～60天即可定植。韭菜定植的地块，应土层深厚，肥沃疏松，且背风向阳，光照充足。每亩施优质农家肥5 000千克，尿素10

~15 千克，过磷酸钙 50 ~ 75 千克，草木灰 500 ~ 700 千克，施肥后耕耙，整细整平，深沟高畦，以利排灌。

定植按 30 厘米见方为一穴，一穴栽一丛，每丛 15 ~ 20 株理成小把，大小苗分开，根茎部对齐，栽入穴中，栽植的深度约 3 厘米，边定植边浇足定根水。

4. 田间管理

韭菜生长旺盛期，要加强肥水管理，重追一次肥，每亩追施充分腐熟的饼肥 300 ~ 500 千克，方法是将粉碎的饼肥撒入畦内行间，结合进行划锄，使土、肥均匀，随即浇一次大水，以后每 7 ~ 10 天浇 1 次水，连浇 3 ~ 4 次，9 月中下旬可结合浇水，每亩再追施尿素 10 ~ 15 千克，或用磷酸二氨 20 ~ 30 千克，也可用腐熟的人畜粪尿 2 000 千克。

5. 冬韭菜栽培管理

棚内温度要求晴天白天为 20 ~ 25℃，下午保持 15 ~ 18℃。早晨最低温度不低于 5℃。注意通风换气，棚内相对湿度不得超过 70%，霜冻前覆盖大棚薄膜的同时，将老韭菜苗收割一次，结合浇水每亩施腐熟人畜粪尿 2 000 千克，以补充根茎养分。

6. 采收

每次收割，待 1 ~ 2 天刀口愈合后进行松土压肥、浇水，即每亩追施尿素 10 ~ 15 千克，15 厘米时再大水浇灌，每亩追施尿素 15 ~ 20 千克或复合肥 25 ~ 30 千克。

7. 病虫害防治

韭菜易发生灰霉病、疫病、韭蛆等。灰霉病在发病初期选用 50% 速克灵可湿性粉剂 1 000 ~ 1 500 倍液或 20% 灰克可湿性粉剂 1 000 ~ 1 500 倍喷雾防治。疫病可在发病初期用 64% 杀毒矾可湿性粉剂 400 ~ 500 倍液或用 75% 百菌清可湿性粉剂 500 ~ 600 倍液喷雾防治。韭蛆是韭的重要害虫，可用 50% 辛硫磷 800 倍液，或用 90% 晶体敌百虫 1 000 倍液浇灌，可以预防和减轻病虫害的发生。

第十节　大棚豇豆栽培技术

一、品种选择

选高产、早熟、优良品种，如早生王、宁豇 3 号等。

二、播种育苗

1. 种子处理

种子进行精选剔除瘪籽，未成熟浅色种子，破伤、霉烂有发芽种子，每亩需种子 2.5 千克左右。把种子放太阳下晒 1 天，然后用 58% 甲霜灵锰锌可湿性粉剂 500 倍液浸 8～10 小时，晾干待播（或催芽 25～28℃ 保湿催芽、芽长 0.5 厘米即播）。

2. 育苗时间及方法

元月下旬育苗。育苗前先配制营养土，即腐熟的有机肥 50%，菜园土 50%，每 500 千克粪土中加三元复合肥 4 千克，50% 多菌灵 50 克，掺拌均匀，装入营养钵（8 厘米×8 厘米），土装 6 厘米高。把营养钵排入育苗畦，灌水阴透，每钵放种 3～4 粒，覆平湿潮营养土，盖上地膜，保温出苗。

3. 精心管理，培育壮苗

播种后白天温度 25～28℃，夜晚 20～15℃，出苗后白天温度 20～25℃，夜晚 15～10℃，为防陡长形成高脚苗，出苗即揭去地膜。真叶出现后白天 25℃ 左右，夜晚 15～13℃。每钵留 2 苗，育苗期一般不浇水，苗龄 30 天左右即可定植。

三、定植

1. 施肥整地做畦

定植前 7～10 天，亩施腐熟农家肥 4 000 千克，三元复合肥 30 千克，尿素 20 千克，深翻耙碎整平，做成沟盖上土膜，扣棚升温。

2. 定植

在定植畦上按行距 45～50 厘米，穴距 33 厘米挖定植穴，穴内浇足水，移栽定植。

四、田间管理

定植后缓苗期温度 28～32℃，超过 32℃通风，降至 25℃关闭通风口。缓苗后白天温度 25～28℃，超过 30℃就要通风，夜晚 15～12℃。增施磷钾肥是豇豆增产的关键，在整个生育期中要保持营养生长和生殖生长的动态平衡，按苗期少，抽蔓期控，结荚期促的原则，进行肥料管理。第一花序果荚长 20 厘米时，进行第一次追肥，每亩追 45% 的三元复合肥 25 千克，当主蔓 2/3 结果后进行第二次追肥，每亩追尿素 15 千克，氯化钾 10 千克，10～15 天后可进行第三次追肥。

当植株长至 30 厘米高时插架引蔓，主蔓第一花序下的侧芽全部去掉，主蔓长至 150～200 厘米时摘心，促发侧枝。下部侧枝留 8～10 叶摘心，中部侧枝留 5～6 叶摘心，上部侧枝留 2～3 叶摘心，每侧枝上都可形成花序。

五、豇豆病虫害防治

保护地豇豆虫害主要有蚜虫、斑潜蝇、豆荚螟等。药剂防治可用 10% 吡虫林和锐劲特喷雾防治。

第十一节　香瓜栽培技术

1. 品种选择

早春拱棚甜瓜栽培选用耐低温、耐弱光性强，生育期较短的早熟品种。

品种的好坏直接影响农户的经济效益，不仅要适应当地栽培，还要适应市场；目前瓜农选用的还是"丰甜一号"黄皮香瓜品种，近在黄皮香瓜销售价格低，而且市场也渐渐被其余香瓜品种所挤掉了，因此需要引进优质、风味好的品种上，才能在市场上畅销，价格还要高，这样才能提高瓜农的经济效益。带动香瓜产业的发展。因此，经过多年的试验、示范，从全国上百个品种中选出了几个好的香瓜品种如：甘浓白玉，青玉等，而且这几年香瓜上市，在周边县市的销售情况很乐观，深受当地消费都的认可，而且价格又高；因此品种的选择至关重要。

2. 田块的选择

全椒县土壤是以麻干土，粒形土，沙壤土为主，那么在选择田块时，应选有机质丰富，肥沃及透气性能好的田块，最好能选用没有种过瓜的田块，而且水源条件好，能排能灌。

3. 育苗

目前当地种植的香瓜是采用大棚育苗，小拱棚移栽，时间一般在1月下旬至2月上旬育苗，苗龄35～40天。播种前先进行浸种催芽，将种子浸泡在55～60℃温水中进行搅拌，搅拌约10分钟以上，等冷却至30℃左右再浸泡1～3个小时，然后用清水洗2～3遍，用湿布包好，放在温箱内用28～32℃温度催芽，等80%的出芽，温度降到25～20℃。

下种一般采用育苗移栽、营养基质育苗，目前采用的是营养基质育苗，因为营养基质里面所含氮、磷、钾养分均衡，有机质含量高，富含多种微量元素和促进发芽出苗生长的活性物质，具有持久肥力及良好的通气性，是瓜果育苗的理想基质，在育苗前应做好各项准备工作和对天气预报的了解，根据天气情况，所需水分的大小而定。

4. 苗床管理

苗床要选在避风向阳的地方。瓜苗出土前，要求较高的温度（25～30℃）因此下种后，必须保持覆盖物的清洁透光，使更多的阳光进入床内，以提高床温，夜间盖严草苫，保持床温，不透风，一旦幼芽开始拱土，马上揭去床苗上地膜，当70%～80%的幼苗出土后，白天棚内温度应保持在20～28℃，夜间10～15℃，以防止瓜苗徒长，幼苗第一真叶展开时，床温可提高至白天25～28℃，夜间15～20℃，以促进瓜苗的生长。

5. 定植前大田施肥及田块整理

在定植前一周左右要求整好畦面，畦面约4尺，中间栽瓜的畦沟要开挖 30 厘米深左右，施肥根据情况而定，甜瓜是短、平、快项目，因此应重施基肥，防止生长期间出现缺肥现象。根据我们这几年经验，一般要求每亩施用 100 担农家肥，25 千克有机肥，40 千克高浓度复合肥，和增施一定量的钙肥；在定植前撒施于中间的田洼内和土壤混匀，然后整平拍严实，覆上地膜，增温保墒再定植。

6. 定植

当甜瓜苗龄 30～35 天，真叶 3 叶 1 心时便可以定植，定植前 7～10 天进行扣棚升温。栽前要低温炼苗，使瓜苗能适应外界环境，移栽时要浇足底水，苗定植下去要把营养钵周围土拍实，拍严，提高保温能力，要在天气晴好无风的情况下定植，及时覆盖小拱棚，使幼苗不受损害，在正常的天气情况下，早春定植前期不须要放风，有利于促进缓苗、壮苗，瓜苗长到 4 叶期要及时摘心，在天气晴朗阳光充足的情况下，对小拱棚及时通风，防止湿度过高伤苗，不利于以后坐果。水分管理要遵循以下原则：做到坐果前，尽量不浇或少浇水，果实膨大期及时浇，果实定个成熟时应控制浇水，浇水应早晚浇，中午不浇，地面要见干见湿，不干不浇。在植株发育成熟后，要及时采取人工授粉，幼果长到三两（1 两 = 0.05 千克全书同）左右时要用多微量元素冲施肥追肥，每亩追 40 千克，使果实迅速膨大。

7. 病虫害防治

甜瓜主要病害有：炭疽病，白粉病、枯萎病，叶枯病、疫病、霜霉病等病害，病害的防治要有综合管理防治措施，如肥料的合理使用、育苗管理等。甜瓜的枯萎病：选用抗病品种或与非瓜类作物实行 5 年以上轮作，也可以进行嫁接防止。当发病时用 15% 双多悬剂 300 倍液灌根；15% 的土菌清 400 倍液灌根。

甜瓜的疫病俗称死秧病：发病时选用 25% 的甲霜灵 600～800 倍或 64% 的杀毒矾 800 倍喷雾。对于病害的防治要做到，出现病害要合理用药，用对药、切勿随意用药，常用杀菌剂有：粉锈宁、百菌清、甲托、多菌灵、代锰等。

虫害主要是蚜虫、地蛆、蝼蛄、黄守瓜、螨类等；防治农药首选用生物农药及无残留农药。如甲维盐、阿维菌素、艾美乐、乐斯本或万灵等。

8. 采摘前注意几点

要适时采收，过早影响品质，过晚不宜储藏。采收一般早晨较好，便于伤口愈合。

采摘时要摘熟瓜，不能生拉硬扯；发现有腐烂或霉变的瓜要立即摘除，不要放在上面，以便影响整体的商品性。

第二篇

植物保护技术

第八章　主要农作物病虫草害综合防治技术

第一节　水稻主要病虫草害的发生与防治

一、水稻病害

1. 稻瘟病

症状：又称火烧瘟、叩头瘟。主要为害叶片、茎秆、穗部。因为害时期、部位不同，分为苗瘟、叶瘟、节瘟、穗颈瘟、谷粒瘟。

（1）苗瘟　发生于3叶前，由种子带菌所致。病苗基部灰黑，上部变褐，卷缩而死，湿度较大时病部产生大量灰黑色霉层，即病原菌分生孢子梗和分生孢子。

（2）叶瘟　在整个生育期都能发生。分蘖至拔节期为害较重。由于气候条件和品种抗病性不同，病斑分为4种类型。

慢性型病斑：开始在叶上产生暗绿色小斑，渐扩大为梭形斑，常有延伸的褐色坏死线。病斑中央灰白色，边缘褐色，外有淡黄色晕圈，叶背有灰色霉层，病斑较多时连片形成不规则大斑，这种病斑发展较慢。

急性型病斑：在感病品种上形成暗绿色近圆形或椭圆形病斑，叶片两面都产生褐色霉层，条件不适应发病时转变为慢性型病斑。

白点型病斑：感病的嫩叶发病后，产生白色近圆形小斑，不产生孢子，气候条件利其扩展时，可转为急性型病斑。

褐点型病斑：多在高抗品种或老叶上，产生针尖大小的褐点只产生于叶脉间，较少产孢，该病在叶舌、叶耳、叶枕等部位也可发病。

（3）节瘟 常在抽穗后发生，初在稻节上产生褐色小点，后渐绕节扩展，使病部变黑，易折断。发生早的形成枯白穗。仅在一侧发生的造成茎秆弯曲。

（4）穗颈瘟 初形成褐色小点，放展后使穗颈部变褐，也造成枯白穗。发病晚的造成秕谷。枝梗或穗轴受害造成小穗不实。

（5）谷粒瘟 产生褐色椭圆形或不规则斑，可使稻谷变黑。有的颖壳无症状，护颖受害变褐，使种子带菌。

传播途径：病菌以分生孢子和菌丝体在稻草和稻谷上越冬。翌年产生分生孢子借风雨传播到稻株上，萌发侵入寄主向邻近细胞扩展发病，形成中心病株。病部形成的分生孢子，借风雨传播进行再侵染。播种带菌种子可引起苗瘟。适温高湿，有雨、雾、露存在条件下有利于发病。阴雨连绵，日照不足或时晴时雨，或早晚有云雾或结露条件，病情扩展迅速。籼型品种抗性一般优于粳型品种。同一品种在不同生育期抗性表现也不同，秧苗4叶期、分蘖期和抽穗期易感病，圆秆期发病轻，同一器官或组织在组织幼嫩期发病重。穗期以始穗时抗病性弱。偏施过施氮肥有利发病。放水早或长期深灌根系发育差，抗病力弱发病重。随着全椒县优质化品种的大面积推广，特别是优质粳、糯品种种植面积的扩大，稻瘟病发生程度明显加重。今年丰两优香1号等部分两系品种，苗瘟、叶瘟、穗颈瘟发生严重。

防治方法：

（1）选用优质、高产、抗病或耐病品种。

（2）种子处理 选用包衣种子或用多菌灵、甲基托布津稀释液浸种。

（3）减少菌源 及时处理病稻草，可将病稻草集中烧掉，以减少菌源。

（4）在培育壮秧的前提下，科学地施用氮、磷、钾肥，施足基肥，早追肥，不偏施氮肥。合理管水，适时烤田。

（5）准确、及时进行病情调查　如有急性型病斑出现应立即进行药剂防治，施药后7天左右，可再施药1次。

为了防治穗颈瘟，一般在孕穗末期到抽穗始期用药一次，严重田在齐穗期再进行一次药剂防治。

防治药剂有：40%富士1号（稻瘟灵）可湿性粉剂、30%稻瘟灵乳油、20%三环唑可湿性粉剂、25%施保克（咪鲜胺）乳油。

注意事宜：①对水量要足够，50千克/亩，以便喷得均匀周到。②为了及时防治，应抓紧时机抢晴天（6小时内不降雨）喷药。

2. 水稻纹枯病

水稻纹枯病在全椒县发生普遍，是全椒县水稻上主要病害之一。可导致稻株结实率下降，千粒重显著降低，甚至植株倒伏枯死，严重影响产量。

症状：此病自苗期到抽穗后都可发生，一般以分蘖盛、末期至抽穗期发病为盛，尤以抽穗期前后发病更烈，主要侵害叶鞘和叶片，严重时可为害深入到茎秆内部。叶鞘感病后，初在近水面处或水面下生暗绿色水渍状、边缘不很清楚的小斑。小斑逐渐扩大成椭圆形，病斑边缘褐色至深褐色，中部草黄色至灰白色，潮湿时则呈灰绿色至墨绿色，稍带湿润状。病斑多的，可数个互相融合成云纹状大斑，致叶鞘干枯，叶片也随之枯黄卷缩，提早枯死。叶片上，病斑的形状和色泽与叶鞘的基本相似。重病叶片扩展快，呈污绿色水渍状，最后枯死。剑叶叶鞘受害重时，稻株不能正常抽穗。稻穗发病则穗颈、穗轴以至颖壳等部位呈污绿色湿润状，后变灰褐色，结实不良，甚至全穗枯死。天气潮湿时，病部出现近白色的蛛丝状菌丝体。菌丝体匍匐于组织表面或攀缘于邻近植株之间，其中结成白色疏松的绒球状菌丝团，最后变为暗褐色的菌核，呈扁球形。菌核靠少数菌丝联系在病部上，很易脱落。在潮湿条件下，病斑表面有时还可见到一层白色粉状物（担子及担孢子）。

病原：病原真菌的有性阶段为担子菌；无性阶段为丝核菌。

寄主植物：水稻、玉米、大麦、高粱、豆类、花生、甘蔗、甘薯、芋、菱角以及稗、莎草，马唐草等。

侵染循环：病菌主要以菌核在土壤中越冬，也能以菌丝和菌核在病稻草和其他寄主作物或杂草的残体上越冬。水稻收割时落入田中的大量菌核是次年或下季的主要初侵染源。菌核的生活力极强，春耕灌水耕耙后，越冬菌核漂浮水面，插秧后随水漂流附在稻株基部叶鞘上。在适温高湿的条件下，菌核可萌发长出菌丝在叶鞘上延伸，通过气孔或直接穿破表皮侵入。由于菌核随水传播，受季候风的影响多集中在下风向的田角，田面不平时，低洼处也有较多的菌核，因而这些地方最易发现病株。

防治方法：

（1）选用抗病品种

（2）打捞菌核并带出田外深埋，减少菌源

（3）加强栽培管理　宽行窄株，定向栽培；采用配方施肥技术，施足基肥，早施追肥，不偏施氮肥，增施磷钾肥。灌水做到浅水分蘖、够苗烤田、长穗湿润、不早断水、防止早衰，要掌握"前浅、中晒、后湿润"的原则。

（4）药剂防治　抓住防治适期，分蘖盛期至孕穗期，病丛率在15%以上即施药防治。确保用水量，每亩对水50~60千克喷雾。孕穗始期、孕穗末期各防1次，能有效地兼治稻曲病及叶鞘腐败病、稻粒黑粉病等多种水稻中后期病害。药剂选用：满穗、禾果利、井冈霉素和杀菌灵等。防治时可结合防治稻纵卷叶螟、飞虱、稻蓟马等同时进行。

3. 水稻稻曲病

症状：又称绿黑穗病、谷花病、青粉病，俗称"丰产果"。该病只发生于穗部，水稻抽穗扬花期感病，病菌为害穗上部分谷粒。初见颖谷合缝处，露出淡黄绿色块状物，逐渐膨大，最后包裹全颖壳，形状比健谷大 3~4 倍，为墨绿色，表面平滑，后开裂，散出墨绿色粉末，即病菌的厚垣孢子。有的两侧生黑色扁平菌核，风吹雨打易脱落。

病原称稻绿核菌，属半知菌亚门真菌。

传播途径和发病条件：病菌以落入土中菌核或附于种子上的厚垣孢子越冬。翌年菌核萌发产生厚垣孢子，由厚垣孢子再生小孢子及子囊孢子进行初侵染。子囊孢子与分生孢子借气流传播，侵害花器和幼颖。水稻生长后期嫩绿，抽穗前后遇多雨、适温（26~28℃），易诱发稻曲病，偏施氮肥、深水灌溉，田水落干过迟发病重。品种抗病性有显著差异。连作地块发病重。

防治方法：

（1）选用抗病品种

（2）改进施肥技术，基肥要足，慎用穗肥，采用配方施肥浅水勤灌，后期见干见湿。

（3）药剂防治　①种子消毒处理。用 2% 福尔马林或 0.5% 硫酸铜浸种 3~5 小时，然后闷种 12 小时，用清水冲洗催芽。②病害防治要坚持预防为主，抓住防治适期，在水稻破口前 5~7 天施药，防治效果明显。抽穗前亩用 18% 多菌酮粉剂 150~200 毫升或 14% 络氨铜水剂 250 毫升或 25% 使百克（咪鲜胺）50 毫升或 30% 爱苗 15~20 毫升，对水 50 千克喷洒。施药时可加入三环唑兼防穗瘟。

4. 水稻条纹叶枯病

症状：苗期发病：心叶基部出现褪绿黄白斑，后扩展成与叶脉平行的黄色条纹，条纹间仍保持绿色。不同品种表现不一，糯、粳稻和高秆籼稻心叶黄白、柔软、卷曲下垂、成枯心状。矮秆籼稻不呈枯心状，出现黄绿相间条纹，分蘖减少，病株提早枯死。分蘖期发病：先在心叶下一叶基部出现褪绿黄斑，后扩展形成不规则黄白色条斑，老叶不显病。籼稻品种不枯心，糯稻品种半数表现枯心。病株常枯孕穗或穗小畸形不实。拔节后发病：在剑叶下部出现黄绿色条纹，各类型稻均不枯心，但抽穗畸形，结实很少。

（1）发生原因 ①灰飞虱虫量大。条纹叶枯病是由灰飞虱传毒引起的一种病毒性病害。

②水稻品种抗性不同。某些优质粳稻品种易感病；籼稻品种表现抗性较强，发病轻。

③田边杂草未防除。杂草上的灰飞虱虫量较高，若不与大田杂草同时防治，灰飞虱迁飞传毒则可扩散为害水稻，造成病害。

（2）防治对策 坚持"预防为主，综合防治"的植保方针，采取"切断毒源，治虫防病"的防治策略，狠治灰飞虱，控制条纹叶枯病。

附：灰飞虱的发生与防治：

发生特点：以3龄、4龄若虫在麦田、绿肥田、河边等处禾本科杂草上越冬。翌年早春旬均温高于10℃越冬若虫羽化。发育适温15～28℃，冬暖夏凉易发生。成、若虫刺吸水稻等寄主汁液，引起黄叶或枯死。

灰飞虱防治：以治虫防病为目标，狠治一代，控制二代。要做到治麦田保稻田，治秧田保大田，治前期保后期。常用药剂：毒死蜱、吡虫啉、扑虱灵等。

①结合小麦穗期蚜虫防治，开展灰飞虱防治，清除田边、地头、沟旁杂草，减少初始传毒媒介。

②重点抓好秧苗期灰飞虱防治：小麦、油菜收割期秧田普治灰飞虱，移栽前3～5天再补治1次。

③关键控制大田为害：在水稻返青分蘖期防治大田灰飞虱。

5. 水稻恶苗病

又称徒长病，苗期发病病苗比健苗细高，叶片叶鞘细长，叶色淡黄，根系发育不良，部分病苗在移栽前死亡。在枯死苗上有淡红或白色霉粉状物，即病原菌的分生孢子。本田发病节间明显伸长，节部常有弯曲露于叶鞘外，下部茎节逆生多数不定须根，分蘖少或不分蘖。剥开叶鞘，茎秆上有暗褐条斑，剖开病茎可见白色蛛丝状菌丝，以后植株逐渐枯死。湿度大时，枯死病株表面长满淡褐色或白色粉霉状物，后期生黑色小点即病菌囊壳。病轻的提早抽穗，穗形小而不实。

病原称串珠镰孢，属半知菌亚门真菌。

带菌种子和病稻草是该病发生的初侵染源。

浸种时带菌种子上的分生孢子污染无病种子而传染。严重的引起苗枯，死苗上产生分生孢子，传播到健苗。旱育秧易发病；增施氮肥能刺激病害发展；施用未腐熟有机肥发病重。一般籼稻较粳稻发病重，糯稻发病轻。

防治方法：①选栽抗病品种，避免种植感病品种。②加强栽培管理，催芽不宜过长，拔秧要尽可能避免损根。③清除病残体，及时拔除病株并销毁，病稻草收获后作燃料或沤制堆肥。④种子处理。用20%净种灵可湿性粉剂200～400倍液浸种24小时，或用25%施保克乳油3 000倍液浸种48小时，也可用80%强氯精300倍液，浸种12～24小时，再用清水浸种，防效98%。

6. 苗期病害

苗期病害是水稻育苗期间多种生理性病害和侵染性病害的总称，也叫烂秧病。生理性烂秧是指不良环境条件造成的烂种、烂芽、黑根、青枯和黄枯死苗等症状；侵染性烂秧主要指立枯病等危害引起的死苗症状。

症状特点：

（1）生理性烂秧 烂种，指种子未发芽即腐烂；烂芽，指刚萌发的幼芽发育不良卷曲呈鱼钩状，未发根就死亡；黑根，指秧苗根部变黑腐烂，叶片逐渐枯死；青枯，指秧苗青绿未黄骤然枯死，基部未腐烂，秧苗不易拔起；黄枯，指秧苗缓慢变褐枯黄而死，根部腐烂，病秧易拔起。

（2）侵染性烂秧 旱育苗和薄膜育苗秧田多见，表现症状为：①芽腐，出土前幼芽幼根变褐、扭曲、腐烂而死，后期生出粉白色霉层；②针腐，秧苗立针至2叶期心叶枯黄，基部变褐，有时叶鞘上出现褐斑，茎基部生出霉层，秧苗易于拔断；③黄枯，秧苗1叶1心至3~4叶期发生，下叶开始枯黄萎蔫，根毛稀少，后期基部变褐软腐；④青枯，多发生于3叶期前后，秧苗心叶或上部叶片卷成柳叶状呈青灰色，根毛稀少，后期基部变褐软腐，易成簇发生。

发生规律：

（1）生理性烂秧多是由于种子质量差、催芽过程中冷热不均、播种质量差以及苗期冷后暴晴或温差变幅过大等造成黑根则是由于肥量过大，产生大量硫化氢、硫化铁等还原物质毒害秧苗所致。

（2）侵染性烂秧主要是镰孢菌和茄丝核菌等半知菌侵染所致。病原菌可在土壤中长期生活，以菌丝和菌核在病残体和土壤中越冬，以流水、气流传播，主要通过伤口、幼嫩组织侵入。

防治措施：采用塑料薄膜育苗、软盘育苗和旱育苗。把住晒种、选种关，提高种子发芽率。秧田选择避风向阳、地势平坦、肥力中等、排灌方便的地块。加强秧苗管理，整地精细，保证床面平整、床温和通透性；合理施肥，注意氮磷钾结合，增施有机肥，避免偏氮，增强秧苗抗病性。

药剂防治：发病初期对苗床及时用药，浇洒75%敌克松1 000倍液或5.5%浸种灵3 000倍液，每平方米2~3千克。

7. 水稻白叶枯病

症状：最初从叶尖或叶缘开始出现暗绿色线状斑点，后沿叶缘两侧或中脉发展成长条，病部先是黄绿色，非水渍状后变黄色最后成枯白色，病斑边缘界线清楚。发生在抗病品种上，病斑边缘呈波状。

防治方法：病重地区在秧苗3叶期施药1~2次；在本田期

发现一点治一片，发现一片治全田。用 25% 叶枯宁可湿性粉剂每亩 100~150 克，加水 50 千克喷雾。

8. 水稻细菌性基腐病

分蘗期植株心叶青卷枯黄、叶片自上而下发黄全株枯死，根节部变褐色、腐烂，伴有恶臭味。圆秆拔节期发病叶片自下而上发黄，叶鞘近水面处有边缘褐色、中间青灰色的长条形病斑，根节变色有短而少的倒生根，伴有恶臭味。穗期病株先失水青枯，形成枯孕穗、白穗或半白穗，发病植株基部变色，并有短而少的倒生根，有恶臭味。

防治方法尚无有效的化学防治药剂，因而预防病害主要依靠选用高产抗病品种或改种其他作物。

二、水稻虫害

1. 二化螟

鳞翅目，螟蛾科。别名钻心虫。寄主为水稻、玉米、甘蔗、粟、蚕豆、茭白、高粱、油菜、小麦、紫云英等。

为害特点：水稻分蘗期受害出现枯心苗和枯鞘；孕穗期、抽穗期受害，出现枯孕穗和白穗；灌浆期、乳熟期受害，出现半枯穗和虫伤株，秕粒增多，遇刮大风易倒折。二化螟为害造成的枯心苗，幼虫先群集在叶鞘内侧蛀食为害，叶鞘外面出现水渍状黄斑，后叶鞘枯黄，叶片也渐死，称为枯梢期。幼虫蛀入稻茎后剑叶尖端变黄，严重的心叶枯黄而死，受害茎上有蛀孔，孔外虫粪很少，茎内虫粪多，黄色，稻秆易折断。别于三化螟为害造成的枯心苗。

以 4 龄以上幼虫在稻桩、稻草中或其他寄主的茎秆内、杂草丛、土缝等处越冬。气温高于 11℃ 时开始化蛹，15~16℃ 时成虫羽化。低于 4 龄期幼虫多在翌年土温高于 7℃ 时钻进（转移到）上面稻桩及小麦、大麦、蚕豆、油菜等冬季作物的茎秆中，以后继续取食内壁，发育到老熟时，在寄主内壁上咬 1 个羽化孔，仅留表皮，羽化后破膜钻出。有趋光性，喜欢把卵产在幼苗叶片上，圆秆拔节后产在叶宽、秆粗且生长嫩绿的叶鞘上；初孵幼虫先钻入叶鞘处群集为害，造成枯鞘，2～3龄后钻入茎秆，3龄后转株为害。该虫生活力强，食性杂，耐干旱、潮湿和低温条件。

防治方法：

（1）农业防治　①合理安排冬作物，晚熟小麦、大麦、油菜、留种绿肥要注意安排在虫源少的晚稻田中，可减少越冬的基数。

②对稻草中含虫多的要及早处理，也可把基部10～15厘米先切除烧毁。

③灌水杀蛹，即在二化螟初蛹期采用烤、搁田或灌浅水，以降低化蛹的部位，进入化蛹高峰期时，突然灌深水10厘米以上，经3～4天，大部分老熟幼虫和蛹会被灌死。

（2）化学防治　做好发生期、发生量和发生程度预测。狠治一代，挑治2代，巧治3代。第一代以打枯鞘团为主，第二代挑治中稻"白穗"。第三代主防晚稻。生产上在卵孵化高峰后，或用枯鞘丛率5%～8%或丛害率1%～1.5%时，应马上用药。

①80%杀虫单粉剂35～40克或18%杀虫双水剂200～250毫升对水75～100千克喷雾；

②喷洒1.8%农家乐乳剂（阿维菌素B_1）3 000～4 000倍液，也可选用5%胶悬剂30毫升，对水50～75千克喷雾。

③还可用5%杀虫双颗粒剂1～1.5千克拌湿润细干土20千克制成药土，撒施在稻苗上，保持3～5厘米浅水层持续3～5天可提高防效。可兼治大螟、三化螟、稻纵卷叶螟等

2. 三化螟

鳞翅目，螟蛾科。别名钻心虫。寄主为水稻。只为害水稻或野生稻，是单食性害虫。

为害特点　幼虫钻入稻茎蛀食为害。在水稻分蘖时出现枯心苗；孕穗期、抽穗期形成"枯孕穗"或"白穗"。

生活习性 以老熟幼虫在稻茬内越冬。翌春气温高于16℃，越冬幼虫陆续化蛹、羽化。初孵幼虫称作"蚁螟"，在距水面2厘米左右的稻茎下部咬孔钻入叶鞘，后蛀食稻茎形成枯心苗。在孕穗期或即将抽穗的稻田，蚁螟从包裹稻穗的叶鞘内下蛀，在穗颈处咬孔，把茎节蛀穿或把稻穗咬断，形成白穗。由同一卵块上孵出的蚁螟为害附近的稻株，造成的枯心或白穗常成团出现，致田间出现"枯心团"或"白穗群"。

（3）防治方法

①及时春耕灌水，淹没稻茬7~10天，可淹死越冬幼虫和蛹。

②药剂防治。全椒县1~2代往往结合二化螟等进行兼治，3代防治在迟熟中稻和单晚稻上作为重点防治白穗。掌握在水稻破口期施药，采用早破口早用药，晚破口迟用药的原则，当破口露穗达5%~10%时，施第1次药，每亩用25%杀虫双水剂150~200毫升，对水60~75千克喷雾。隔6~7天再施1次。

③保护利用天敌。

3. 稻纵卷叶螟

鳞翅目，螟蛾科。别名刮青虫。主要为害水稻，有时为害小麦、甘蔗、粟、禾本科杂草。

为害特点 以幼虫缀丝纵卷水稻叶片成虫苞，幼虫匿居其中取食叶肉，仅留表皮，形成白色条斑，致水稻千粒重降低，秕粒增加，造成减产。

生活习性 该虫有远距离迁飞习性，每年春季，成虫随季风由南向北而来，随气流下沉和雨水拖带降落下来，成为初始虫源。秋季，成虫随季风回迁到南方进行繁殖，以幼虫和蛹越冬。在全椒县该虫不能越冬，每年5~7月成虫从南方大量迁来成为初始虫源，在稻田内发生4~5代，各代幼虫为害盛期：一代6月上中旬；二代7月上中旬；三代8月上中旬；四代在9月上中旬；五代在10月中旬。一般以优2、3代发生为害重。成虫白天在稻田里栖息，遇惊扰即飞起，但飞不远，夜晚活动、交配，把卵产在稻叶的正面或背面，单粒居多。成虫有趋光性和趋向嫩绿稻田产卵的习性，喜欢吸食蚜虫分泌的蜜露和花蜜。幼虫期共5龄，一龄幼虫不结苞；二龄时爬至叶尖处，吐丝缀卷叶尖或近叶尖的叶缘，即"卷尖期"；三龄幼虫纵卷叶片，形成明显的束腰状虫苞，即"束叶期"；三龄后食量增加，虫苞膨大，进入4～5龄频繁转苞为害，被害虫苞呈枯白色，整个稻田白叶累累。幼虫活泼，剥开虫苞查虫时，迅速向后退缩或翻落地面。老熟幼虫多爬至稻丛基部，在无效分蘖的小叶或枯黄叶片上吐丝结成紧密的小苞，在苞内化蛹，蛹多在叶鞘处或位于株间或地表枯叶薄茧中。该虫喜温暖、高湿。气温22～28℃，相对湿度高于80%利于成虫卵巢发育、交配、产卵和卵的孵化及初孵幼虫的存活。为此，6～9月雨日多，湿度大利其发生，田间灌水过深，施氮肥偏晚或过多，引起水稻徒长，为害重。主要天敌有稻螟赤眼蜂，绒茧蜂等近百种。

安徽省全椒县2003年、2007年、2008年稻纵卷叶螟大发生，由于虫情预报准确，加上强有力的政府推动和有效的防治，取得了虫口夺粮的巨大胜利。

（3）防治方法：

①农业防治：合理施肥，加强田间管理促进水稻生长健壮，以减轻受害。

②生物防治：保护天敌，选用生物农药。提倡单季稻7月初以前不用化学农药以利于建立蜘蛛及稻纵卷叶螟绒茧蜂等天敌种群；合理开展化防，保护和发挥自然天敌的作用。

③药剂防治：指标：四（2）代稻纵卷叶螟为百丛幼虫100头，五（3）代为百丛幼虫50头；或田间百丛有新束叶苞15个以上。防治时期掌握在幼虫1龄、2龄盛期，每亩用1.8%阿维菌素40毫升或80%杀虫单粉剂35～40克或90%晶体敌百虫600倍液或5%胶悬剂30～40毫升，对水50千克喷洒，7天后再防

治一次。

4. 稻飞虱

同翅目，飞虱科。由南方稻区迁飞而至，有2种类型，分别为褐飞虱、白背飞虱。

（1）为害特点　成、若虫群集于稻丛下部刺吸汁液；雌虫产卵时，用产卵器刺破叶鞘和叶片，易使稻株失水或感染菌核病。排泄物常遭致霉菌滋生，影响水稻光合作用和呼吸作用，严重的稻株干枯。俗称"冒穿"、"透顶"或"塌圈"。严重时颗粒无收。

（2）生活习性　年生4~5代，6~7月迁入。主要虫源随每年春、夏暖湿气流由南向北迁入和推进，每年约有5次大的迁飞行动，秋季则从北向南回迁。短翅型成虫属居留型，长翅型为迁移型。羽化后不久飞翔力强，能随高空水平气流迁移，空气湿度高利其迁飞。成虫对嫩绿水稻趋性明显。成、若虫喜阴湿环境，喜欢栖息在距水面10厘米以内的稻株上。田间阴湿，偏施、过施氮肥，稻苗浓绿，密度大及长期灌深水的田块，有利于稻飞虱其繁殖，受害重。

近年由于耕作制度的改变，水稻品种复杂，利于该虫种群数量增加。2004年、2005年、2006年、2007年，稻飞虱每年都达中等以上程度发生。前期以四（2）代白背飞虱为主，后期以五（3）代褐飞虱为主。四（2）代、五（3）代主要为害时期为7月中、下旬和8月中、下旬。一般百丛虫量3 000头以上，面积达30%即为大发生，百丛虫量1 500头以上，面积达30%即为中等发生。

褐飞虱迁入早、虫量大、气候及食料条件适宜，田间短翅型成虫比例高，数量大，天敌控制力不足常暴发成灾。褐飞虱不耐低温和高温，一般盛夏不热，晚秋不凉有利褐飞虱发生；褐飞虱迁入的季节多雨日、雨量大利其降落，易大发生。

白背飞虱对温度范围适应较广，有世代重叠现象，当田间每代种群增长 2 ~ 4 倍，田间虫口密度高时即迁飞转移。

（3）防治方法

①农业防治。加强田间肥水管理，防止后期贪青徒长，适时烤田，降低田间湿度。

②生物防治。天敌有青蛙、稻田蜘蛛等。大力推广一季稻 7 月初前不用化学农药措施，促进稻田生态稳定。稻田养小鸭也是一个好的生物防治方法

③药剂防治。白背飞虱以治虫保苗为目标，采取治上压下，狠治大发生前一代。褐飞虱以治虫保穗为目标，狠治大发生前一代，挑治大发生当代。稻飞虱防治指标：四（2）代百丛有低龄若虫 800 ~ 1 000 头，五（3）代 1 000 ~ 1 500 头，六（4）代 1 500 ~ 2 000 头。施药适期应掌握在低龄若虫高峰期。常用药剂：毒死蜱、丙溴磷、扑虱灵等。施药时要用足药量、对足水量、施准部位、保持浅水层。

5. 稻蓟马

属缨翅目，蓟马科。寄主为水稻、小麦、大麦、野燕麦、李氏禾、玉米等禾本科植物。

成、若虫以锉吸式口器挫破叶面吮吸汁液，致受害叶产生黄白色微细色斑，叶尖两翼向内卷曲，叶片发黄，分蘖初期受害早的苗朽住不长，发根缓慢，分蘖少或无，严重的成团枯死。受害重的晚稻秧田常成片枯死似火烧状。穗期受害主要为害穗苞，扬花期进入颖壳里为害子房，破坏花器，形成瘪粒或空壳

以成虫在茭白、麦类、李氏禾、看麦娘等禾本科植物上越冬。每年发生 10 ~ 20 代。次年秧苗期第一代成虫飞入秧田后即产卵繁殖。第二代后开始出现世代重叠。成虫盛发与产卵盛期同时出现。若虫盛发高峰期主要是 3 龄、4 龄若虫，有时若虫盛发期后 3 天就出现成虫盛发期。稻蓟马虫体很小，非常活跃，能飞能跳。成虫有趋绿性，秧苗移栽后，进入分蘖期食料丰富，利于大量产卵繁殖为害心叶和幼嫩组织。叶片受害初期呈小白色斑

点，叶尖上部内卷，使稻苗生长缓慢，分蘖减少或停止，为害严重时秧苗枯死。

防治方法：

（1）农业防治　秧苗前及时铲除田边、沟旁杂草和枯叶，减少越冬虫源。

（2）施足基肥和叶面肥，促秧苗早返青、早分蘖，适时晒田、搁田，提高耐虫能力。对已受为害的田块，应追施氮磷钾速效肥，促进稻苗生长。

（3）药剂防治的策略是狠治秧田，巧抓大田，主防若虫，兼防成虫。及时喷洒20%吡虫啉浓可溶剂2 500～4 000倍液、20%丁硫克百威乳油2 000倍液，也可用5%胶悬剂每亩20毫升对水喷雾。

三、水稻田杂草防除技术

稻田杂草种类多，繁殖快，它们大量消耗田间地力，与水稻争光、争水、争营养，有的是病虫的中间载体，妨碍水稻正常生长。全椒县水稻田杂草主要有：禾本科的稗草、千金子，雨久花科的鸭舌草，莎草科的牛毛毡、荆三棱，泽泻科的矮慈姑，还有四叶萍、眼子菜、节节菜、水花生等。水稻大田化学除草是水稻增产增收的重要举措之一，随着全椒县化学除草剂的合理推广应用，有效地控制了杂草的发生和为害。

1. 水稻肥床旱育秧田化学除草

（1）播后苗前土壤处理　每亩用60%丁草胺乳油100毫升或25%高效丁草胺乳油80～100毫升喷雾。使用技术：苗床浇足水→落谷→盖土（无露籽）→浇水→均匀喷雾施药→盖膜（温度高时膜上覆盖草帘）。

（2）苗期防除稗草、莎草、阔叶草（以下任选一种）

①水稻揭膜后，炼苗2天，每亩用17.2%优苄可湿性粉剂150～200克，对水茎叶喷雾。

②水稻播种后5～10天，每亩用35.75%龙杀可湿性粉剂

300～400 克，对水茎叶喷雾。

③水稻秧苗 2～3 叶期，每亩用 2.5% 稻杰油悬浮剂 60 毫升或 36% 二氯苄可湿性粉剂 35 克，对水茎叶喷雾。

④水稻移栽前 7 天，每亩用 20% 二甲四氯水剂 150 毫升，对水茎叶喷雾。

2. 移栽大田除草

（1）水稻移栽前防除 在水稻移栽前 1 天，把丁草胺等除草剂随耕耙施入田中，然后把平田面，形成田间药层，控制杂草发芽生长。要求做到：水层浅、插秧时水不过心叶。此法可有效防除一年生和多年生种子萌发的杂草。

（2）水稻移栽后防除（以下任选一种） ①水稻移栽后4～6 天，也可每亩用 50% 苯噻草胺可湿性粉剂 30～40 克，拌细潮土撒施，防除稗草、莎草等。

②水稻移栽后 4～7 天，也可每亩用 14% 乙苄可湿性粉剂 50 克，或用 30% 丁苄可湿性粉剂 100 克，拌细潮土撒施，防除稗草、莎草。

③水稻移栽后 5～7 天，每亩用稻杰 2.5% 油悬浮剂 40～80 毫升，用水量 15～30 升/亩，茎叶喷细雾，防除稗草、莎草、阔叶草。

④水稻移栽后 7～10 天，也可每亩用 36% 二氯苄可湿性粉剂 30～35 克，拌细土撒施，防除稗草、莎草、阔叶草。

3. 机插秧田除草

插秧后 7 天左右除草（以下方法任选一种）

①以稗草、莎草为主的稻田，每亩用 50% 苯噻草胺可湿性粉剂 30～40 克，拌细土撒施。

②以莎草、阔叶草为主的稻田，每亩用 10% 苄嘧磺隆可湿性粉剂 10～15 克，或 10% 吡嘧磺隆可湿性粉剂 10～15 克，拌细潮土撒施。

③以稗草、莎草、阔叶草混生的稻田，每亩用 2.5% 稻杰油

悬浮剂 60 毫升，对水茎叶喷雾。

④以稗草、莎草、阔叶草混生的稻田，每亩用 53% 苯噻·苄可湿性粉剂或 30% 丁苄可湿性粉剂 80～100 克，或用 35.75% 龙杀可湿性粉剂 200 克，或用 16% 农家欢可湿性粉剂 50 克。

以上药剂均需待机栽稻苗扎根活稞立苗后（一般小苗 4～5 天，大苗 7 天左右）方可施用。丁苄应于稗草 1 叶 1 心时施用，早用对稻根有影响，迟用对除稗草效果不好。

插秧后 10 天施药：对稗草、莎草、阔叶草混生稻田，每亩用禾苄（96% 禾大壮 80～100 毫升加 10% 苄嘧磺隆 10～15 克），拌细潮土撒施。

4. 注意事项

①水稻大田施用除草剂时，田间水层要浅，水淹秧心会伤害秧苗，导致死苗。

②施用除草剂后，田间保水时间应在 4～5 天以上。漏水田需缓慢灌水，切忌断水干田。

第二节　棉花主要病虫害及其防治

棉花生育期长，一生中病虫害种类之多为害时间之长，都超过其他任何一种作物。棉株受害后，营养生长和生殖生长都会受到直接和间接的影响，轻者产量降低，品质变劣，重者枯萎死亡，严重地威胁着棉花的生产和产量的提高。因此田间管理，彻底防治病虫害，是夺取棉花高产优质的重要保证。

一、棉花主要病害的发生及其防治

1. 立枯病

是棉花幼苗期得病的主要病害之一。也有的棉籽在发芽阶段就发病而腐烂。幼苗期得病的主要症状是：在幼茎基部，靠近地面处，发生褐色凹陷病斑，严重时幼苗子叶下垂，全株枯倒。

一般在早春低温和阴湿天气情况下，尤其是排水不良的低洼地最易发病。发生在病后往往会引起死苗，造成缺株断垄。在棉苗出土 50% 以上时，就要进行定点调查，当棉田发病率 5% 以上，而气象预报有 3 天连阴雨或低温（15℃以下）时，就应发出预报，进行防治。

2. 炭疽病

在棉花的整个生长期都能发生，但以苗期和铃期发病最重，是棉花的主要病害。一般为害棉花的叶、幼茎及幼铃。棉苗得病的症状是：在子叶边缘有半圆形病斑，幼茎近地面的地方发生褐红色纵裂形条痕，影响棉苗生长，甚至造成死苗。棉铃发病，先是铃尖端发生许多凹陷的紫色小斑点，以后逐步扩大。幼铃受害，生长缓慢，甚至变黑，干枯在棉株上；大铃受害，往往不易开裂，造成烂铃或僵瓣花。温度和湿度是决定炭疽病发生与流行的重要因子。早春低温多雨秋后阴雨低温，田间荫蔽缺光，湿度增大，都是造成炭疽病发生与流行的环境条件。另外，栽培管理的好坏，也是诱发病害的重要方面。如播种过早，整地粗放，排水不良等都可能造成棉苗发病。密度过大，整枝不彻底，田间透性差等也会引起棉铃受害。

3. 角斑病

棉花整个生长期间，都会发生角斑病，除危害棉苗以外，是棉花中期、铃期的主要病害。苗期主要是为害棉叶，发病后棉叶背面出现水渍状 透明多角形斑点，后变黑褐色，严重时，棉叶脱落，幼苗萎死。棉铃往往不能开裂，形成僵瓣。角斑病无论发生在哪一部位，其症状都有一个共同的特点，即在湿度大时，病部都分泌出黄色菌浓，干燥后形成一层淡灰色薄壳或碎裂粉屑。

高温、高湿是角斑病的诱发条件。当温度在 28 ~ 36℃，相对湿度 85% 以上时，最适于角斑病的发生。所以播种过迟的，棉花长势太弱或过旺的棉田，高温多雨的年份，容易引起角斑病的发生和流行。

4. 枯、黄萎病

棉花枯、黄萎病对棉花生产影响很大。棉花遭受枯、黄萎病后，早期造成营养不良。严重时，枝叶枯萎，导致死亡。发病严重的地区，甚至全田被毁。而且，其病菌生活力很强，在土壤中可存活 7~9 年。其中黄萎病是国内植物检疫病害。一般情况下，发病症状见下表。

棉花的枯萎病和黄萎病症状

	枯萎病	黄萎病
株形	有时呈萎缩丛生现象	一般不萎缩
茎内	维管束变色较深，通常呈褐色或黑褐色，甚至黑色	维管束变色较浅，多呈淡褐色或褐色
枝条	在植株上有时半边青绿，半边枯萎	在植株上有时半边青绿，半边枯萎
叶片	顶端叶片常突然枯萎，下部叶片有时反而健全	先下部叶片变黄枯，逐渐向中上部发展
叶形	常变小，易枯焦	大小无变化，有时略皱、肿
落叶	早期落叶，有时成为光秆	落叶较少，多在后期

枯、黄萎病的发生与温度、湿度具有密切关系，在适宜的温度条件下（枯萎病 25~30℃，黄萎病在 25~28℃），天气多雨，土壤湿度大时，病害迅速发展。地势高，排水良好的田块，田旱少雨的天气发病较轻，反之，发病就重。另外，连作棉田，伏天灌溉也都利于两病的发生和蔓延。

棉花的病害种类很多，除上述几种主要病害以外，由红腐病、红粉病、黑果病、曲霉病等引起的棉花烂铃，也严重影响棉花的产量和质量。棉花病害的发生发展是一个复杂的过程，受许多内外因素的影响。对棉花病害的防治，无外乎一是防，即促进棉花生长健壮，增加抗病力；二是治，即通过各种措施，消灭病害原微生物，减少浸染和防止蔓延。

（1）农业防治

农业防治是防治棉花病害发生和蔓延的重要措施，一般主要抓好如下几点：

①选好适合本地区的抗病高产品种。

②轮作换茬。特别是水旱轮作，以创造不利于病原菌生活的环境，对防治枯、黄萎病有显著效果。

③清洁棉田。在生长过程和收获后，要将棉田遗留下的枯枝、落叶、烂铃拾出田外集中烧毁，防止病菌滋生和再侵染。对枯、黄萎重病区的中心田块要进行封锁和土壤消毒。

④适时播种。防止播种过早，引起立枯病和炭疽病，也不能播种太迟，造成角斑病的为害。

⑤加强田间管理。早中耕，勤松土，及时排除田间积水，降低土壤湿度；合理施肥，精细整枝，改善田间的通透性，防止荫蔽等，对以上各种病害都有一定的防治作用。

（2）药剂防治

药剂处理棉种，喷药保护幼苗，是预防病害的一条有效措施。

5. 红叶茎枯病　有些局地发生的棉花红叶茎枯病也会严重影响棉花生产。

棉花红叶茎枯病俗称"棉花瘟"。它是一种非浸染性即生理上的原因引起的病害，具体地讲是由外部环境条件和内部营养条件不能满足棉株生长发育需要，致使根系生长不良，不能供应较多的水分和养料，从而抑制了棉株地上部分的生长，造成过早的衰退和吐絮过早的结果。红叶茎枯病的发生，导致棉花结铃减少，铃重减轻，衣分和纤维品质的下降，直接影响棉花生产的经济效益。红叶茎枯病是棉花中后期经常发生的暴发性病害，重病年份对棉花产量影响很大。

①发病症状。发病初期，病株上叶片变黄，后转红色，并向下部叶片发展。病叶叶缘先失绿，后向内方主脉间发展，叶脉附近叶肉组织仍保持绿色，病斑与绿色的叶脉相间形成掌状斑驳。失绿部颜色由浅变深，后转红色或紫红色，以至褐色。病叶发

脆，手握有清脆响声。叶柄基部干缩，病叶焦枯，引起全枯，由上而下，由外向内逐渐落叶，中上部蕾铃大部脱落，发生严重时称为光秆。

病株有时也出现顶枯，茎部有黑褐色、暗红色条斑或椭圆形小斑点。根系发育不良，主根短而细，须根少，颜色深褐，根尖变黑。

该病蕾铃期始发。蕾铃期如果较长时间干旱、土壤板结缺氧，使根系发育不良，吸收养分受阻，这时突来暴雨或连阴雨，常造成红叶茎枯病的暴发。

发病棉株长势减弱，抗逆力降低，容易遭受棉轮纹斑病菌及棉花角斑病菌的浸染，加重危害。据调查，沙土地比黏土地发病重，高坡地发病重于平地；春茬棉重于麦菜茬，尤其是抗虫棉重于常规棉。肥水失调，基肥不足，缺少钾肥是棉田发病的主要原因。

②发病原因。棉花红叶茎枯病虽发生在棉花吐絮后，但根本原因是问题出现在前期和中期。棉花红叶茎枯病发生的原因比较复杂，通过近几年来的观察研究我们认为此病是土壤、肥水、天气、耕作和管理等因素导致棉株营养失调引起的。

安徽省全椒县每年 7~8 月间，常出现较长时间的干旱，造成耕作层缺水，影响根系对养分的吸收，特别是干旱缺水会促进土壤中钾素固定，影响棉株吸收钾肥，造成棉株内生理失调。很快表现出"未老先衰"的症状。若久旱后遇暴雨或连阴雨，红叶茎枯病发生更为严重。但是红叶茎枯病与典型的缺钾症是有区别的。有人对正常、缺钾和红叶茎枯病等三类型棉株氮、磷、钾含量进行测定，结果红叶茎枯病棉株的氮、磷、钾含量均显著低于正常棉株，其中钾的平均值只有正常棉株的一半左右，但高于缺钾的临界指标。因此，可以认为该病是后期营养不足，氮、磷、钾都缺乏引起的。

另外，品种的特性也与该病的发生有关。近年来转基因抗虫棉种植面积逐年加大，但转基因抗虫棉需肥量大，尤其对 K 肥敏感。抗虫棉营养生长缓慢、生长势较弱，而生殖生长来得早且成玲率高，导致营养生长与生殖生长的不协调。但往往病株下部果枝结铃数可能还多于非病株，甚至结铃早而多的棉花红叶茎枯病严重，所以，有的棉农称之为"累死"。

据土壤普查情况看，全椒县土壤是缺少氮，磷、钾不足，尤其是岗坡地、沙土地、老棉区土壤严重缺钾，而农民在施肥方法上总是重氮轻磷、钾，这样就致使土壤养分在失衡的情况下更加失衡也就更容易造成此病的大发生。

③防治措施。红叶茎枯病是一种生理病害，是否发病或发病轻重与环境条件的关系极为密切。因此应采取改良土壤、增施土杂肥、全程化控、加强田间管理等综合防治措施。

①预防措施

a. 深翻改土、施足基肥、增施钾肥、重施花铃肥。深翻改土能促进根系下扎、增强棉株抗旱抗涝能力。施足基肥尤其是增施土杂肥和饼肥，注意补施磷钾肥，重施花铃肥。初花期用氮、磷、钾复合肥 20 千克/亩深施。盛花期以 N 肥为主一般每亩施 10 ~ 15 千克尿素，后期结合苗情进行根外追肥 2 ~ 3 次。

b. 合理化控摘早蕾、适时打顶：实践证明根据苗情和天气分别在蕾期、花期和打顶后三次用"缩节胺"化控能起到降低株高，控上促下作用对防治红叶茎枯病有较好的效果。

摘早蕾能充分发挥棉花结铃具有自动调节的能力，集中多结伏桃和早秋桃，防止烂铃和早衰。方法是：将棉株下部一到三台果枝上的新生蕾分别摘除 2 ~ 3 个。

适时打顶能消除棉株顶端优势，减少无效蕾铃提高养分利用率预防早衰。全椒县一般在 7 月中下旬，单株 14 ~ 17 台果枝及时打顶。

c. 合理轮作换茬，推广棉田覆草栽培技术：棉田连作一般不宜超过 3 年，宜轮作换茬，提倡与豆科作物或绿肥轮作套种。

或用水旱双收田栽培棉花。利用稻草、麦秆或麦颖壳、菜籽壳等进行棉田覆盖，因秸秆覆盖物比较疏松，有一定的通透性对土壤具有明显的降温、保水、培肥土壤、抑制杂草等综合调控作用，对减轻和预防红叶茎枯病有明显效果。

d. 及时中耕松土，增强和保持根系活力，结合中耕进行高培土和推株并垄。三沟配套、防渍防涝。

②补救措施。

红叶茎枯病一旦发生，就应采取有效措施减轻病情。目前普遍采用的方法有两个：一是追肥或叶面喷肥。二是科学灌水。根据棉花长相、长势和地力，可适当增加追肥量，重施花铃肥，补施盖顶肥，当棉株中、上部叶片边缘出现失绿现象，棉花红叶茎枯病开始露头时，喷施2%尿素+0.3%磷酸二氢钾溶液每亩50~60千克，每7天1次，连续几次对抑制病害发展有明显的效果；对已经早衰的棉田应每亩加施70%甲基托布津粉剂100~150克防治，并防治各种叶斑病。一般情况下天气干旱容易发生此病，干旱是应尽快灌水，水量不宜过大，提倡沟灌，切忌大水漫灌。久旱遇暴雨及连阴雨要及时施速效肥，防止棉花脱肥。

二、棉花主要虫害的发生及其防治

1. 小地老虎

俗名地蚕、土蚕、切根虫等。全省各地都有发生，有以沿江棉区发生最多，危害最重。小地老虎以老熟幼虫或蛹越冬，1年发生4~5代。第一代幼虫4月下旬至5月中旬为害棉苗，以后几代虽有发生，但因棉苗长大，影响也较小。初孵化幼虫，日夜在棉苗上吃嫩叶，3龄以上幼虫，白天钻入土中，晚上或早上钻出地面危害棉花。被害棉苗叶片被吃掉，咬碎或整株咬断，造成断垄缺苗。小地老虎喜爱食鲜叶和蜜糖等，同时还有趋光性，喜欢夜间活动。所以应集中力量，在冬季铲草，翻土灭虫蛹，减少虫源基数的基础上，采用相应的措施，消灭小地老虎。

糖醋诱蛾：一般在3月下旬至4月下旬，用白酒1份，红糖

3 份，醋 3 份，水 10 份混合后按总量 0.1% 的比例加入 50% 敌敌畏乳油，制成诱剂放入瓦钵中，每天傍晚放在麦田、棉田、绿肥田里，一般 4~5 亩地放一只钵子，即能诱到大量的小地老虎蛾子和其他虫蛾。人工捕捉：于清晨在棉田断苗的周围或沿着残留在洞口的被害株，将土扒开捕捉幼虫。药剂防治 3 龄前幼虫，即棉苗出现孔洞，缺刻等被害状时，可在棉田及其周围杂草上喷洒 90% 晶体敌百虫 800~1 000 倍液。防治 3 龄以后幼虫可用敌百虫 0.5 千克加水 10 千克，喷于炒香了的 50 千克饼肥粉上制成毒饵，傍晚顺棉行撒下，每亩撒 4~5 千克，进行诱杀。

2. 棉蚜

是棉花的重要害虫，发生普遍，1 年发生 10~20 代。其卵在木槿树和车前草上越冬。第二年早春，孵化蚜虫，接着繁殖很快，一般 1 头雌蚜，每天可生 5~6 头小蚜虫，一生可生 60~70 头。由于繁殖系数高，所以容易形成暴发性为害。

棉蚜通常聚集在嫩叶背面、嫩茎以及幼蕾上，吸取棉花汁液，使棉花萎缩不长，引起蕾花脱落，严重影响棉花产量。

防治方法：一是结合基肥，清除和处理蚜虫寄生的木槿树、杂草，减少蚜虫来源。二是药剂防治。

（1）苗蚜防治　10% 蚜虱净或 10% 吡虫啉可湿性粉剂对水进行喷雾。

（2）伏蚜防治　每亩用 80% 敌敌畏乳剂 50~75 毫升，加水 3.5~4 千克，喷在 10 千克麦糠壳上，边喷边拌，使之均匀吸附在麦壳上，立即撒于棉田中，熏杀伏蚜。

3. 红蜘蛛

是一种很小的、红色的、蜘蛛样的害虫。每年发生 10~20 代，5 月上、中旬开始为害棉花，在天气干燥、温度高的条件下，红蜘蛛繁殖很快，为害严重。红蜘蛛一般是群集在棉叶背面吸取棉叶汁液，致使棉叶正面发生红色斑点。严重时，红斑扩大，棉叶和棉铃枯落，严重影响棉花产量。

防治棉红蜘蛛最有效的办法是把红蜘蛛消灭在棉田之外，即冬春铲除杂草，消灭越冬虫源。平时应加强田间管理，及时抗旱。一旦发生红蜘蛛及时防治，及时歼灭。农药防治用20%扫螨净可湿性粉剂每亩20～30克、57%克螨特乳油每亩30～50克等对水喷雾，对红蜘蛛都有显著的防治效果。

4. 红铃虫

是棉花的主要害虫，从现蕾开始至吐絮收获都对棉花造成为害。幼虫为害蕾、花、铃，致使蕾铃脱落，尤其对青铃的为害更大，钻入棉铃后，造成僵瓣、烂铃和虫蛀花，严重影响棉花的产量和品质。

红铃虫发生量大，1年发生3～4代。第一代一般在幼蚜和蕾的苞叶上产卵，7月中旬幼虫开始为害花蕾。第二代大多在棉株中、下部青铃及萼片上产卵，孵化后的幼虫，8月上中旬开始危害青铃。第三代一般在棉株中部青铃及萼片上产卵，9月中、下旬危害盛期。

红铃虫的防治工作必须"以防为主，越冬防治和田间防治并重"。越冬防治主要抓住红铃虫集中仓库越冬的特点，在收花前，棉仓内做好药槽箱杀虫，放养小蜂等。在冬春对棉仓、收花工具等采取喷药熏杀或点灯诱杀。田间防治除了摘"花帽"，拾除脱落的蕾铃外，一般采用药剂防治，防治适期一般在红铃虫产卵盛期和孵化初期。防治药剂主要有：25%敌杀死2 000倍液，25功夫乳油1 000倍液，10%除尽悬浮剂、15%安打悬浮剂、48%乐斯本、35%赛丹等药剂对水喷雾。

5. 棉铃虫

也是棉花的重要害虫之一，尤其是淮北棉区发生量大。棉铃虫以蛹越冬，1年发生3～4代，第二代迁入棉田进行危害。棉铃虫产卵量大，最多的1代可产5 000余粒，产卵期长，可达30天左右，幼虫寿命也长。幼虫从蕾铃下部钻入为害，并有转移为害的习性，一条幼虫往往可连续为害10多个蕾、花、铃，受害蕾铃，常被吃掉或造成脱落、烂铃，所以损失较大。每年6～9月棉花生育期内，都会造成危害。

棉铃虫的防治可针对成虫对紫外光敏感，春季又多集中于在开花植物上的特点，可以在早春成虫发生前后，用杨树枝条诱捉或黑光灯诱杀，盛卵期结合整枝采卵，初孵化期喷药等，都有良好效果。对棉铃虫的药剂防治，可参照红铃虫的防治方法。

棉花的虫害很多，除上述主要虫害外，棉叶蝉、棉蓟马、叶跳虫等也对棉花造成为害，各地根据发生情况，采取相应措施，予以防治。

6. 甜菜夜蛾

甜菜夜蛾是一种杂食性害虫，近年来甜菜夜蛾在皖东地区多种作物上逐渐发展成为一种重要害虫，主要危害蔬菜，棉花、花生、豆类、甘薯等。2001年，甜菜夜蛾在全椒县棉花上暴发为害。

（1）发生特点　甜菜夜蛾在皖东地区1年发生4～5代，以3～4代幼虫为害棉花最重，（7月上旬至8月中下旬），世代重叠，成虫昼伏夜出，白天隐蔽在草丛、土缝或棉株叶背面，具有趋光性，趋化性；卵块产1～2层排列，上覆白色鳞毛；幼虫5龄，2龄前群集为害棉叶，吐丝结网，取食叶肉，只留下表皮成透明小孔，3龄后幼虫分散和为害，将棉叶吃成空洞或缺刻，严重时全株棉叶被吃光，仅留下叶脉和茎秆。幼虫具有假死性、畏光性和迁移危害特性。

（2）暴发原因分析　①食料条件丰富　随着全椒县种植业结构调整，多种经济作物（蔬菜、棉花、中药材、花卉）等面积扩大，尤其是2001年全椒县发展棉花"订单"生产，面积比常年增加近一倍以上，为杂食性的甜菜夜蛾整个生育期提供丰富的食料和繁殖条件。加之，棉花蕾花期偏施氮肥，植株枝繁叶茂，气候条件适宜，导致三代、四代暴发。

②气候条件　近几年冬季气温偏暖，加之，日光大棚，各种

形式的保护地面积增加，为甜菜夜蛾提供良好的越冬场所，以及蛹大量存活和少量幼虫的全年危害。甜菜夜蛾为高温干旱型害虫，2001 年皖东地区夏季出现少有的高温干旱天气，5～8 月份平均气温 26.8℃，比常年高 1.7℃，平均降雨比历年少 221.3 毫米，夏季出现大范围的严重干旱，气温持续偏高，有利于甜菜夜蛾数量迅速上升。

③棉花早期农药大量适用，天敌数量减少。2001 年 5～6 月份，皖东地区棉蚜、棉红蜘蛛大发生，棉花苗期有机磷、菊酯类农药大量使用，用药次数多，致使甜菜夜蛾寄生性和捕食性天敌数量减少，自然控制作用大大降低。

④其他因素影响　一是前期对甜菜夜蛾认识不足，错过防治适期；二是幼虫具有假死性，稍受惊动即坠地，畏惧强光，活动时间在上午 9 点前下午 18 点后，给防治带来困难，同时常规化学农药防治效果差，造成各代残虫量高，发生加重。

（3）防治对象　①农业措施　冬季耕翻土壤或灌水消灭越冬蛹；铲除田边杂草，破坏成虫孳生场所；合理施肥，提高植株抗虫性。

甜菜夜蛾成虫盛发期，用黑光灯、杨树把诱杀成虫，同时根据诱杀成虫的数量，准确预测田间卵量和幼虫孵化情况，提出防治适期。结合田间管理。结合田间管理，在卵高峰期，采用人工摘除卵块，幼虫期早晚对大龄幼虫人工捕捉，降低田间虫口密度。

②保护利用天敌。

③化学防治　以压低二代虫口基数，控制三、四代为害为防治策略，抓卵孵盛期或幼虫一龄、二龄期施药效果最好。幼虫高灵气选用安打 15% 或除尽 10% 在晴天清晨或傍晚交替使用，即能有效控制甜菜夜蛾为害。

斜纹夜蛾的发生和防治参照甜菜夜蛾的方法。

第三节 油菜病虫草害的防治

全椒县油菜主要病害有油菜菌核病，有些年份霜霉病发生较重，油菜萎缩不实病近年来不同程度发生。油菜主要虫害有食叶性的潜叶蝇、菜白蝶、小菜蛾、黄条跳甲等和刺吸性的菜蚜最为普遍。油菜田杂草以看麦娘为主，还有牛繁缕、婆婆纳、马唐、狗牙根等。

一、油菜病害

1. 油菜菌核病

又叫菌核软腐病。是全椒县油菜上重要病害之一。

（1）症状 整个生育期均可发病，结实期发生最重。病菌可浸染茎、叶、花和果，以茎部受害最重。茎部发病初呈水渍状淡褐色病斑，后变灰白色，表生白色绵毛状的菌丝。偶附黑色菌核，病茎内髓部烂成空腔，内生黑色鼠粪状的菌核，病茎易开裂，纤维外露似麻丝，茎易折断，使病部以上茎枝萎蔫枯死。叶片发病，初为水渍状，后近圆形或不规则形病斑，病斑中央黄褐色，有时轮纹易穿孔。花瓣极易感染，苍白色，后腐烂，角果病斑初水渍状，后变灰白，种子瘦瘪，无光泽。

（2）发病规律 菌核留在土中、种子、肥料、残秸中越夏越冬，翌年3～4月菌核萌发，子囊孢子随气流传播浸染衰老的叶片及花瓣使寄生组织腐烂变色，病菌由叶片蔓延到叶柄再浸染茎秆或通过病健组织接触，沾附进行重复浸染。

菌核量大前提下，病害流行取决于油菜花期降雨量，旬雨量大于50毫米时病害严重。此外连作地或施未腐熟的带菌堆肥播种过密，偏施氮肥，排水不良，早春早冻害，均加重发病。

（3）防治方法

①农业防治。实行轮作，（与水稻等）收获前深耕，将菌核埋入土中；选用早熟品种，错开病害流行期；实行种子处理，过

筛除去大菌核后再10%盐水选种，漂除菌核，洗净晒干后播种；适期播种，合理密植；重施基肥，苗肥和蜡肥，避免薹花期偏施氮肥，现蕾抽薹期及时中耕2～3次，破坏子囊盘；清沟排渍，花期分批摘除老、病叶、增加田间透气性，减少在浸染。

②药剂防治。初花至盛花期，用多菌灵、克菌灵等药剂，着重喷在植株基部、老叶和地面，7～10天后再喷一次。

2. 油菜霜霉病

（1）症状　叶片初现淡绿色小斑点，后为多角形黄色斑块，叶背面病斑上长出白色霜状霉层，以后变为黄褐枯斑，病重时整个叶片变黄枯死，茎秆、花梗和角果初生退绿斑、严重时变褐萎缩，有时花梗肥肿弯曲，呈"龙头拐"状。

（2）发病规律　病菌以卵孢子在病残体、土壤和种子表面越夏。秋播后卵孢子萌发浸染幼苗，以菌丝体在病组织内越冬。来年天气转暖，病部产生大量孢子借风，雨传播危害，不断引起再侵染。气候时寒时暖连续阴雨、偏施氮肥、地势低洼、排水不良、种植过密，发病就重。

（3）防治方法

（1）农业防治。选用抗病品种，甘蓝型油菜较白菜型抗霜霉病；避免连作，与水稻轮作。

选用无病株种子或播前用10%盐水选种，漂除秕籽；合理密植，施足基肥，重施腊肥，增施磷、钾肥；清沟沥水，采用窄畦深沟；抽薹期摘除老黄病叶，剪除肿胀花轴烧毁。

（2）药剂防治。抽薹开花期，亩用40%多菌灵、75%百菌清500～800倍液喷雾，着重喷中上部植株，视病情定是否两次用药。

3. 油菜萎缩不实病

是一种生理性病害，近年来，全椒县许多地区发生较重，病田减产20%～30%。

（1）症状　油菜苗期、薹期发病。根系发育不良，呈褐色，叶色初为暗绿色，后变为紫红色，叶脉及其附近组织变黄，最后部分叶缘枯焦。叶片变黄脱落；生长点及花序顶端的花蕾褪绿成黄白色，病株不能抽薹而萎缩枯死。花期发病，根系发育不良。有的根肿胀，叶片变小，初暗绿色，后变紫红色或蓝紫色，叶片增厚，凹凸皱缩，开花缓慢，或未开即枯萎；茎秆表皮紫红或蓝紫色，中下部皮层有纵裂。在生长后期发病的植株，有的呈矮化型、茎基叶处长出许多分枝，成熟期大多角果不结实，有的病株呈徒长型，株形松散，花序细长，角果发育差。

（2）病因 土壤缺乏有效硼而引起的一种生理病害。

（3）发生规律 红、黄壤土含硼肥量低。沙土、沙壤土含有机质少，含可溶性硼易被雨水淋湿。

偏施氮肥、长期干旱，淹水和前茬为水田的土壤，土壤硼素被固定，都能加重发病。品种方面，甘蓝型较白菜型敏感。

（4）防治方法 深耕改土，增施有机肥和草木灰，合理施氮，适时早播、早栽，做好抗旱防渍。

喷施硼肥，根据病情，在苗床和大田喷施硼砂或硼酸 1～2 次，亩用硼砂 100 克（或硼酸 50 克）对水 40～50 千克叶面喷雾；本田苗期和薹期，亩用硼砂 100 克（或硼酸 50 克）对水 50 千克叶面喷雾。

二、油菜害虫

1. 油菜潜叶蝇

（1）寄主与为害 以油菜、豌豆、甘蓝白菜、萝卜等受害较重，以幼虫潜入寄主叶内表皮下，取食叶肉，蛀成弯曲潜道，叶面呈现白色线状条痕。

（2）形态特征 成虫：体长 2～3 毫米，翅展 5～7 毫米，头部黄褐色，背有 4 对中鬃。

卵：0.3 毫米，长椭圆形，淡白色，表面有皱纹，产于叶片组织内。

幼虫：体长 2.9～3.5 毫米，蛆形，初为白色，后变黄白色，前胸和腹末节和背面各有管状突起的气门1对，腹末端斜截形。

蛹：长2毫米，椭圆形，初淡黄色，后黑褐色。

（3）发生规律　越冬代3月份盛发，1代、2代成虫4月间发生，此后世代重叠，4月下旬后油菜受害最重，春末夏初气温升高和天敌作用，田间虫量剧减。8月以后，气温下降虫口回升先为害秋菜，后转移到油菜，豌豆上繁殖危害。

成虫白天活动，趋甜汁。卵产于叶边缘叶肉内，幼虫共3龄。

防治方法

①农业防治。早春及时清除田间、田边杂草和摘除油菜花叶，减少虫源。

②诱杀成虫。成虫盛发期，用3%红糖液+0.5%敌百虫制成毒糖液，在田间点喷，视虫情3~5天点喷1次，连喷数次，诱杀成虫。

③成虫盛发期或始见幼虫潜蛀时，用90%晶体敌百虫1000倍液喷雾，视虫情每隔7~10天，防治一次，共防2~3次。

2. 油菜蚜虫

为害油菜的蚜虫属同翅目害虫，主要有萝卜蚜（菜缢管蚜）和桃蚜（烟蚜）。萝卜蚜主要为害十字花科蔬菜，如油菜、荠菜、白菜、萝卜等，桃蚜除为害十字花科外，还为害蚕豆、菠菜、瓜类及桃、李、杏。蚜虫对油菜为害主要有两方面：一方面，油菜苗期蚜虫多在叶背刺吸汁液，使油菜叶片卷缩，生长停滞，结荚期很少结实；油菜后期花梗和荚果常受蚜虫为害引起畸形和妨碍结果。另一方面，蚜虫是传播油菜病毒病的媒介。

（1）形态特征　两种蚜虫为害油菜期间分有翅和无翅两型，每型又有若虫和成虫两种虫态，若虫为成虫胎生产生。

萝卜蚜：体长1.4毫米，赤脉黑褐色，体披白粉，腹管缢缩成瓶颈状。

桃蚜：体长1.8~2.1毫米，翅微黄，体无白粉，腹管细长，中后部膨大，有一黑斑。

（2）发生规律　萝卜蚜无转换寄生，以无翅胎生雌蚜为主为害油菜整个生育期，秋季苗期是蚜害盛期，以成若蚜在油菜和蔬菜心叶或土表越冬，次年3月复苏活动，周年繁殖，各代重复。桃蚜具季节转换特性，以卵在桃、李树梢越冬，次年2~3月繁殖，4~5月产生有翅蚜，迁到油菜上为害，同时为害蔬菜并越夏，秋季大量迁到幼苗为害。

为害油菜的蚜虫不同年份气候条件不同发生数量差异大，油菜秋播至冬初，气温高，降雨少，蚜虫繁殖有利。夏季高温强降雨对蚜虫有冲刷致死作用，此外寄生菌类、天敌对蚜虫繁殖也有较大抑制作用。

（3）防治方法

①选用抗虫品种，甘蓝型油菜蚜虫较轻。

②推广育苗移栽，利于苗床管理和培育壮苗，苗床尽量不靠近蔬菜地和桃园。

③清沟沥水、沟边杂草。

④药剂防治　蚜株率达30%时，亩用10%吡虫啉可湿性粉剂20克对水50千克喷雾。

3. 菜白蝶

属鳞翅目粉蝶科，主要为害十字花科蔬菜，以苗期为害最重。幼虫称菜青虫，幼虫食叶成孔洞或缺刻，为害重时全叶吃光，仅留叶脉，致使植株枯死。为害蔬菜时，幼虫排出粪便污染菜叶，影响蔬菜品质。

（1）形态特征　成虫体长18~20毫米，体黑色，胸部密被白色及灰黑色长毛，触角球杆状，翅白色、顶角为三角形黑斑，翅中后方有2黑斑，后翅前缘也有一黑斑；老幼虫体长28~35毫米，青绿色，卵长1毫米，纺锤形黄色。蛹长18~21毫米、灰黄、褐色，头端突起，胸部变有尖突。

（2）发生规律　全椒县春季5~6月份和秋季9~10月份是

两次为害盛期。11 月上中旬开始以蛹越冬。成虫趋白花，卵单粒散产在叶背，以幼虫取食为害，油菜苗期，特别是苗床上为害严重。幼虫共 5 龄。温度 16℃左右，天气干燥，相对湿度 68%～86% 最适其为害。

（3）防治方法

①农业防治。清洁田园，清除油菜田四周枯叶、残枝及杂草，压低虫源。

②人工捕杀。幼虫发生不多时结合苗床管理进行人工捕杀。

③药剂防治。油菜 3 叶后百株 1～2 龄幼虫 30 头时，亩用 50% BT 复合剂 50 克、48% 乐斯本 20 毫升，90% 晶体敌百虫 80 克对水 50 千克喷雾。

4. 甜菜夜蛾

属鳞翅目夜蛾科，是一种暴发性、杂食性害虫，主要为害棉、豆、花生、菜类、甘薯等，近年来在全椒县上升为一种主要害虫。

（1）形态特征 成虫 10～14 毫米，翅展 25～30 毫米，体灰褐色，前翅中央近前缘外方有一肾形斑，内方有圆形斑一个，后翅银白色。卵圆馒头形，白色。幼虫体长 22 毫米，共 5 龄，体长有绿色、暗绿色至黑褐色，腹部体侧气门下线有明显的黄白色纵带，有时粉红色，蛹长 10 毫米，黄褐色。

（2）发生规律 在全椒县一年发生 5 代，以蛹越冬。第一代幼虫发生期在 6 月份主要为害春玉米、棉花、油菜等；第二代幼虫发生期在 7 月上旬，虫量迅速增大，三四代幼虫盛发期在 8 月至 9 月，5 代盛期在 10 月上旬，主要为害秋菜。全年以 7～8 月份为害最重。田间世代重叠明显。

成虫昼伏夜出，趋光性强。卵多产在植株下部叶片背面，聚集产成块，有白绒毛覆盖。幼虫具假死、畏强光和迁移特性。

（3）防治技术

（1）农业防治。秋耕冬灌，可消灭部分越冬蛹，铲除天边、天内杂草，并集中处理，可消灭大量卵和幼虫；结合田管人工摘除叶背的卵块或分散前初孵幼虫。

（2）物理防治。利用黑光灯和高压汞灯诱杀成虫。

（3）药剂防治。田间喷药最佳时期为卵孵化至 3 龄前。最佳药剂有 15% 安打 SC3750 倍或 10% 除尽 SC1000 倍，20% 米满 SC 1 500倍。

三、油菜田草害及防治技术

油菜是全椒县主要油料作物，因草害影响造成油菜损失在 10% ~30%，草害成为影响油菜发展的一个关键因素，据调查，全椒县油菜田杂草主要有看麦娘、千金子、旱稗、牛繁缕、猪殃殃、荠菜、小蓟等。

1. 农业防治

①合理安排茬口，实行轮作。②精选种子，清除草种。③高温堆肥、杀死杂草种子。④对腾茬早的田块，可在收割后湿润灌溉，诱发浅土层，休眠短，易萌发的杂草生长，然后翻耕达到"养草灭草"。⑤中后期人工除草。

2. 化学除草

（1）免耕田播前处理，于播种或移栽前 1 天，亩用 41% 农达 200 毫升或 20% 克无踪 200 毫升，对水 40 千克茎叶喷雾。

（2）土壤封闭处理，于播后芽前或移栽后 2 ~3 天，亩用 90% 禾耐斯45 毫升或50% 乙草胺 80 ~100 毫升，对水 60 千克喷雾，可有效控制看麦娘等禾本科杂草和一些阔叶杂草。

茎叶处理　油菜生长期，防禾本科杂草为主的田块，于杂草 2 ~5 叶期，亩用 10.8% 高效盖草能 20 毫升，5% 精禾草克 50 毫升，6.9% 威霸 50 毫升，任选一种对水 40 千克喷雾，防除阔叶杂草为的田块，于油菜 6 ~8 叶期，亩用 50% 高特克 35 毫升或30% 好实多 50 毫升，任一种对水 40 千克喷雾，对禾本科杂草和阔叶杂草同时为害的田块，可用上述药剂混配使用，但注意防除阔叶杂草药剂应在油菜 6 ~8 叶期使用。

第四节　小麦主要病虫草害的防治

全椒县小麦近年病虫草害普遍发生，病虫以小麦梭条花叶病、纹枯病、赤霉病，地下害虫（蝼蛄、蛴螬）、麦蚜、麦红蜘蛛等为主，为害程度重。

一、小麦病害

（一）小麦梭条花叶病

1. 症状

①小麦染病后，往往在冬前不表现症状，到春季小麦返青期症状明显；②染病株首先在小麦心叶上产生褪绿条纹，少数新叶扭曲畸形，病斑联合成长短不等、宽窄不一的不规则条斑，形似梭状；③老病叶渐变黄、枯死。④病株分蘖少，萎缩，根系发育不良，重病株明显矮化。

2. 病原

是一种病毒病，为小麦梭条斑花叶病毒。病毒粒体线状。

3. 发生特点

梭条花叶病毒主要靠病土、病根残体、病田水流传播。

传播媒介是土壤中一种低等真菌禾谷多黏菌的游动孢子。该菌是一种小麦根部的专性弱寄生菌，本身不会对小麦造成明显为害。

不经种子、昆虫传播。

麦苗根部被侵染时间很短，土温 12～15℃，土壤湿度较大，有利于游动孢子活动和侵染。高于 20℃ 或干旱，侵染很少发生。

播种早发病重，播种迟发病轻。

小麦越冬期病毒呈休眠状态，翌春表现症状。小麦收获后随禾谷多黏菌休眠孢子越夏。

病毒在其休眠孢子中越冬存活，时间达 10 年以上。

4. 发生规律

多黏菌的游动孢子和休眠孢子存在于土壤中，游动孢子有双鞭毛，游离于土壤和根系之间。

冬麦播种后，禾谷多黏菌产生游动孢子，侵染麦苗根部，在根细胞内发育成原质团，所带的病毒随之侵入根部进行增殖，并向上扩展。

病麦株中的病毒进行系统性增殖，根部细胞中带有大量病毒粒体。当根部寄生的多黏菌形成游动孢子囊和休眠孢子时，大量病毒便组合在游动孢子和休眠孢子的内生质内。因此，病麦株根部细胞中的游动孢子和休眠孢子都是带有病毒的。则游动孢子释放到土壤中或随病麦株残根进入土壤后，在再一次侵入麦苗幼根时，将病毒带入寄主体内。

5. 防治方法

以农业防治为主。

①防止病土搬迁。②防止病田水流入无病田。③选用抗、耐病品种。扬麦系统小麦抗病性差。④轮作倒茬。与非寄主作物油菜、蔬菜等进行 3~5 年轮作，可减轻发病。⑤增施有机基肥，提高麦苗抗病能力。

（二）小麦赤霉病

小麦赤霉病是全椒县常发性主要病害。从幼苗至抽穗皆可发生，引起苗枯、茎腐和穗腐，尤以穗腐发生普遍和严重。2004年、2005年、2008年穗腐大流行，严重田块病穗率达 20%~30%以上。

1. 症状

苗枯：是由种子带菌或土壤中病残体侵染所致。先是芽变褐，然后根冠随之腐烂，轻者病苗黄瘦，重者死亡。

茎基腐：幼苗出土至成熟均可发生，麦株基部组织受害后变褐腐烂，病情严重时，造成病部以上枯黄，有时不能抽穗或抽出枯黄穗，至全株枯死。

气候潮湿时苗枯和茎枯的病组织上都会产生粉红色的霉层（分生孢子及分生孢子座）。

种子霉烂：种子收获后，如不迅速干燥，病害还可以继续蔓延，使种子局部或全部变成红色。

穗腐：全椒县以穗腐发生重，既影响产量，又影响品质。

小麦扬花时，初在小穗和颖片上产生水浸状浅褐色斑，渐扩大至整个小穗，小穗枯黄。湿度大时，病斑处产生粉红色胶状霉层，后期其上产生密集的蓝黑色小颗粒（病菌子囊壳）。用手触摸，有突起感觉，不能抹去，籽粒干瘪并伴有白色至粉红色霉。小穗发病后扩展至穗轴，病部枯褐，使被害部以上小穗，形成枯白穗。

病麦的为害及毒素的解除：

病麦粒的千粒重及出粉率降低，种子受病发芽率下降，发芽势减弱，此外，因病粒含有毒素，人畜食用后会发生急性中毒，出现呕吐、腹痛和头晕等症。

毒素多存在于麦粒的外层，用干燥、加热烘烤、水洗等方法都不能解毒，机械加工去皮，可除去大部分毒素，能减轻危害。

2. 病原

该病是由真菌引起的一种病害。

无性时期属于半知菌，优势种为禾谷镰孢，其大型分生孢子镰刀形，单个孢子无色，聚集在一起呈粉红色黏稠状。分生孢子形成的适温为 $20 \sim 25℃$。

有性时期为玉米赤霉菌，属子囊菌。子囊壳散生或聚生于寄主组织表面，紫红或紫蓝至紫黑色。子囊无色，棍棒状，内含 8 个子囊孢子。子囊孢子无色，萌发适温 $20 \sim 30℃$，相对湿度不低于 80%。

3. 发病条件

①气候：包括温、湿、雨量。

全椒县 4 ~ 5 月份小麦抽穗期的气温一般都能满足病菌的需要，甚至接近发病适温。

雨天或高湿促子囊孢子成熟、释放和传播。湿度和降雨是病害流行的决定因素。降雨主要指日数，与雨量大小关系不大。

②菌原：病菌在禾谷类植物水稻、小麦、大麦、玉米、高粱等及禾本科杂草鹅观草、稗草、狼尾草、狗尾草等的病残体上从第一年夏天存活到第二年春天，（该菌还能以菌丝体在病种子内越夏越冬），然后形成有性世代的子囊壳，成为主要侵染源。

小麦抽穗期前，稻桩子囊壳带菌率 10% ~ 20%，达病害流行菌量。

③生育期：在开花至盛花期侵染率最高，开花以前和落花以后均不易侵染。

子囊孢子成熟正值小麦扬花期，借气流、风雨传播。赤霉病主要通过风雨传播，特别是雨水的作用更大。

④品种抗性：指品种抗病害扩展能力的强弱。

⑤地势低洼、排水不良、黏重土壤，偏施氮肥、密度大，田间郁闭发病重。

4. 防治方法

（1）农业防治

①选用抗（耐）病品种。②收获后要深耕灭茬，减少菌源。③播种前用石灰水或增产菌拌种。④开好"三沟"，排水降湿。⑤配方施肥技术，合理施肥，提高植株抗病力。

（2）药剂防治

①根据小麦抽穗前后的天气、苗情进行合理安排，关键是第一次用药。首次施药应掌握在齐穗开花期。

②小麦赤霉病防治，要求在小麦抽穗初花期，采取"一刀切"进行普遍防治，选择渗透性、耐雨水冲刷性和持效性较好的农药，喷药 2 ~ 3 次，隔 7 天一次。

③药剂可选用 50% 多菌灵，70% 托布津，45% 三唑酮福美双或 80% 多菌灵超微粉或 40% 多菌灵悬浮剂或 40% 禾得灵（多·酮）可湿性粉剂喷雾防治为好。

④机动弥雾机施药每亩药液量 14 千克，手动喷雾器喷雾每

亩药液量 30 千克。在防治小麦赤霉病的同时，可以兼治纹枯病、白粉病、锈病。

⑤喷药适期很短，若遇雨，应在雨停间隙喷药，细雨可照常用药，但应增 10% 的浓度。

（三）小麦纹枯病

1. 症状

小麦受纹枯菌侵染后，在各生育阶段出现烂芽、病苗枯死、花秆烂茎、枯株白穗等症状。

烂芽：芽鞘褐变，后芽枯死腐烂，不能出土。

病苗枯死：发生在 3~4 叶期，初发病时仅第 1 叶鞘上出现中间灰色，四周褐色的病斑，后因抽不出新叶而致病苗枯死。

花秆烂茎：拔节后在基部叶鞘上形成中间灰色，边缘浅褐色的云纹状病斑，病斑融合后，茎基部呈云纹花秆状。

枯株白穗：病斑侵入茎壁后，形成中间灰褐色，四周褐色的近圆形或椭圆形眼斑，造成茎壁失水坏死，最后病株因养分、水分供不应求而枯死，形成枯株白穗。此外，有时该病还可形成病健交界不明显的褐色病斑。近年，由于品种、栽培制度、肥水条件的改变，病害逐年加重，严重的可形成枯株白穗，减产 50% 以上。

2. 病原

病原有性态属担子菌亚门真菌，白色粉状。无性态为禾谷丝核菌和立枯丝核菌，均属半知菌亚门真菌。立枯丝核菌菌丝体生长温限 7~40℃，适温为 26~32℃，菌核在 26~32℃ 和相对湿度 95% 以上时，经 10~12 天，即可萌发产生菌丝，菌丝生长适宜 pH 值为 5.4~7.3。相对湿度高于 85% 时菌丝才能侵入寄主。禾谷丝核菌，菌落初无色，表面产生白色絮状气生菌丝，后菌丝集结成菌核，菌核初无色，渐变黄，后成褐色。菌核小，生长温限 5~30℃，适温为 20~25℃，产生无色菌丝，不产生无性孢子。

3. 发生规律

此病以菌核和菌丝在病株残体和土壤内越夏和越冬，形成主要的初次侵染源。

通常在田间于冬前开始发病，小麦返青期病情加重，至拔节孕穗期达发病高峰，被害植株上的新病斑也可产生菌丝，向邻近植株发展并侵染为害。

此病发生与栽培管理有密切关系，凡是播种过早、密度过大、氮肥施用过多的麦田，施用未腐熟肥料的麦田，以及田间湿度过大、常年连作的麦田，都有利病害发生。

小麦品种间的抗病性也有差异。

4. 防治方法

（1）农业防治

①选用抗病、耐病品种。②采用配方施肥技术。配合施用氮、磷、钾肥，不要偏施、过施氮肥，可改善土壤理化性状和小麦根际微生物生态环境，促进根系发良，增强抗病力。③适期播种，避免早播，适当降低播种量。及时清除田间杂草，雨后及时排水。

（2）药剂防治

①播种前药剂拌种，用种子重量 0.2% 的 33% 纹霉净可湿性粉剂或用种子重量 0.03% ~ 0.04% 的 15% 三唑醇粉剂、或 0.03% 的 15% 三唑酮可湿性粉剂或 0.0125% 的 12.5% 烯唑醇可湿性粉剂拌种。

②翌年春季小麦拔节期，病株率达 20% 以上的田块，每亩用 5% 井冈霉素水剂 7.5 克对水 100 千克或 15% 三唑醇粉剂 8 克，对水 60 千克，或用 20% 三唑酮乳油 8 ~ 10 克，对水 60 千克。对准小麦中下部均匀喷雾。

二、小麦虫害

（一）蝼蛄、蛴螬

1. 蝼蛄

蝼蛄俗名土狗子，以成虫和若虫在土中咬食刚播下的种子，特别是刚发芽的种子，也咬食幼根和嫩茎，造成缺苗。咬食作物根部使其成乱麻状，幼苗枯萎而死，在表土层穿行时，形成很多隧道，使幼苗根部与土壤分离，失水干枯而死。农谚常说："不怕蝼蛄咬，就怕蝼蛄跑"。一般在春、秋两季为害猖獗。

2. 蛴螬

又名地狗子、白狗子，其成虫叫金龟子。蛴螬可食害萌发的种子，咬断幼苗的根茎，断口整齐平截，常使麦苗缺苗断垄，开春危害造成丛状枯死。蛴螬为害有两个高峰期，一个是小麦播种后至3叶期，一个是在小麦拔节以后。

3. 防治方法

麦子播种前，挖土查2～3点/亩，1平方米/点，深50厘米，有蝼蛄0.2头/点，蛴螬（或金针虫）2～3头/点，作为防治指标。

①播种前拌种防虫。

②用3%辛硫磷颗粒剂2千克，加干细土20千克，开沟撒施后覆土灭虫。

（二）麦蜘蛛

全椒县以麦圆蜘蛛为主。麦蜘蛛于春季吸取麦株汁液，被害麦叶先呈白斑，后变黄，影响小麦生长，造成植株矮小，穗少粒轻

1. 发生特点

麦圆蜘蛛喜阴湿，怕高温、干燥，多分布在水浇地或低洼潮湿阴凉的麦地。麦圆蜘蛛亦行孤雌生殖，有群集性和假死性，春季其卵多产于麦丛分蘖茎近地面或干叶基部，秋季卵多产于麦苗和杂草近根部的土块上，或产于干叶基部及杂草须根上。

麦蜘蛛在连作麦田，靠近村庄、堤坝、坟地等杂草较多的地块发生为害严重。水旱轮作和收麦后深翻的地块发生轻。麦圆蜘蛛的适温为 8～15℃，适宜湿度为 80% 以上，因此，春季阴凉多雨，以及砂壤土麦田易严重发生。

2. 防治方法

麦蜘蛛的控制要加强农业防治措施，重视田间虫情监测，及时发现，争取早治，消灭在点片时期。

（1）农业防治

①麦收后深耕灭茬，可大量消灭越夏卵，压低秋苗的虫口密度。

②适时灌溉，同时振动麦株，可有效地减少麦蜘蛛的种群数量。

③轮作倒茬，避免麦田连作，可减轻麦蜘蛛的为害。

（2）药剂防治

①防治指标：3 月上旬 250 头/百株，3 月底至 4 月初 800～1 000 头/百株。

②用克螨特对水喷雾防治。

（三）小麦蚜虫

1. 发生特点

全椒县麦长管蚜、麦二叉蚜、黍缢管蚜都有发生。从苗期到穗期都可为害。麦蚜在全椒县一年四季孤雌胎生，无明显的冬眠现象，一年繁殖 20～30 代。气候、营养条件适宜时，产生后代是无翅胎生雌蚜；麦、杂草等植株黄熟、衰老时，产生后代是有翅胎生雌蚜，迁至适宜寄主上继续繁殖。一年四季都在禾本科植物和禾本科杂草上辗转孳生繁殖，禾本科杂草是蚜虫重要的中间寄主。

麦蚜的为害主要包括直接和间接两个方面：直接为害主要以成、若蚜吸食叶片、茎秆、嫩头和嫩穗的汁液。麦长管蚜多在植物上部叶片正面为害，抽穗灌浆后，迅速增殖，集中穗部为害。

麦二叉蚜喜在作物苗期为害，被害部形成枯斑，其他蚜虫无此症状。间接为害是指麦蚜能在为害的田间，传播小麦病毒病，其中以传播小麦黄矮病为害最大。

2. 生活习性

麦长管蚜：麦收后迁入水稻、禾本科杂草上，11月前后返回麦田；

黍缢管蚜（玉米蚜）：麦收后迁入玉米、高粱田，10～11月份返回麦田；

麦二叉蚜：小麦收割后迁往狗尾草、狼尾草等禾本科杂草上，入秋返回麦田。

3. 天敌

瓢虫、步行虫、食蚜蝇、蜘蛛、草蛉、寄生蜂、寄生菌等。

4. 防治方法

（1）农业防治

①结合积肥，清除田边、沟边杂草，消灭蚜虫的孳生基地

②增施有机基肥，适时追肥

（2）药剂防治

药剂防治应注意抓住防治适期和保护天敌的控制作用。

①防治适期：麦二叉蚜要抓好苗期和拔节期的防治；麦长管蚜以扬花末期防治最佳。

②当田间麦蚜发生量超过防治指标、天敌数量在利用指标以下时，选用吡虫啉（如10%大功臣或10%蚜虱净可湿性粉剂）或啶虫脒，或用20%蚜螨清（阿维菌素＋吡虫啉）乳油，喷雾防治。

③防治指标：苗期，蚜株率5%～10%或蚜量10～20头/百株；穗期，蚜穗率30%以上或蚜量800头/百穗。

三、麦田杂草防治

全椒县麦田主要杂草大约有10科15种。其中茜草科的猪殃殃、石竹科的繁缕、禾本科的看麦娘、早熟禾是优势种群，玄参

科的婆婆纳在局部田块发生严重。其他少数杂草有鳢肠、鸭跖草、酢浆草、蟋蟀草等。

（一）主要杂草的发生特点

全椒县旱田杂草90%以种子繁殖，少数杂草如喜旱莲子草等以根茎繁殖。小麦播后，杂草种子开始萌发出土。11月份前后，由于温、湿度适宜，是杂草出土的高峰期，此期间出苗的杂草约占杂草总数的86%。12月份后，气温下降，杂草萌发渐止。翌年春季优势种群杂草旺长，影响麦苗，造成草害。4～5月份杂草开花、成熟。

（二）防除对策

1. 农业防治

①合理安排茬口，实行轮作；②精选种子，清除草种；③高温堆肥，杀死杂草种子；④对腾茬早的田块，可在收割后湿润灌溉，诱发浅土层、休眠短、易萌发的杂草生长，然后翻耕达到"养草灭草"；⑤中后期人工锄草。

2. 化学除草

具有及时、省工省时、便于机械作业、成本低、效益高的特点，越来越受到农民的青睐。

①小麦播后苗前：用绿麦隆防除禾本科及阔叶杂草。

②防治禾本科杂草：于杂草3～5叶期用禾草灵、骠马，茎叶喷雾。

③防除阔叶杂草：于小麦3～4叶至分蘖盛期，杂草3～5叶期用2，4-D丁酯、巨星、使它隆、好事达等防除。

四、小麦主要病虫草总体防治意见

（1）种植抗性品种，推广半精量播种和适期播种技术。

（2）加强肥水管理，实施健身栽培：开展测土配方施肥，控制氮肥用量，适当增加有机肥、微肥的施用量，注意氮磷钾肥的平衡，培育健壮植株，增强麦株的抗病能力。土壤湿度大的地区春季做好清沟沥水，防止渍涝。

（3）注重生物防治、天敌保护利用。

宣传麦田杜绝使用菊酯类农药，为田间天敌营造适宜的繁衍生长环境。重点保护七星瓢虫、龟纹瓢虫、蚜茧蜂等优势种天敌。

（4）掌握防治指标，坚持达标防治。

依据防治指标，该普治的普治，该挑治的挑治，坚持达标防治，不搞一刀切。

（5）强化防治"适期"，推行总体防治。

在防治适期内用药，可大大提高防控的实际效果。坚持病虫总体防治，一次用药兼治多种病虫，可降低成本，节省劳力，减少因打药而造成的对麦苗的田间破坏，提高防治质量。

（6）选用高效、低毒、低残留农药，走农业无公害、可持续发展之路。

为了减少抗性，病虫防治期内交替施用农药；高毒、高残留有机磷农药决不让下麦田。

第九章　农药安全使用常识

一、农药使用中的注意事项

（1）配药时，配药人员要戴胶皮手套，必须用量具按照规定的剂量称取药液或药粉，不得任意增加用量。严禁用手拌药。

（2）拌种要用工具搅拌，用多少，拌多少，拌过药的种子应尽量用机具播种。如手撒或点种时必须戴防护手套，以防皮肤吸收中毒。剩余的毒种应销毁，不准用作口粮或饲料。

（3）配药和拌种应选择远离饮用水源，居民点的安全地方，要有专人看管，严防农药、毒种丢失或被人、畜、家禽误食。

（4）使用手动喷雾器喷药品时应隔行喷。手动和机动药械均不能左右两边同时喷。大风和中午高温时应停止喷药。药桶内药液不能装得过满，以免晃出桶外，污染施药人员的身体。

（5）喷药前应仔细检查药械的开关接头、喷头等处螺丝是否拧紧，药桶有无渗漏，以免漏药污染。喷药过程中如发生堵塞时，应先用清水冲洗后再排除故障。绝对禁止用嘴吹吸喷头和滤网。

（6）**看天喷药**　①夏季不要在中午烈日下，以免发生药害及人畜中毒。应在上午露水干后到 10 点，下午在 16 点以后喷洒。因为，上午露水干、温度不太高，正是害虫取食，活动的旺盛时期、这时喷药可避免被露水或高温冲淡、分解，降低药效，还可以使害虫增加食药、触药的机会；下午 16 点以后用药，此时太阳偏西，温度降低，害虫开始活动，所以杀伤较大，特别对夜出性害虫有较强的杀伤力。②大风天喷药。应选用乳油剂，喷药对准植株中下部，防止药雾飞散损失，喷药者应站在上风喷药，防止中毒。③下雨天或雨前喷药，应选用内吸作用强的乳油或速效性农药。④对夜出性害虫如黏虫、夜蛾等应在下午或傍晚喷药施药；对早出性害虫如蚜虫、棉铃虫等应早晨施药。

（7）施用过高毒农药的地方要建立标志，在一定时间内禁止放牧、割草、挖野菜，以防人畜中毒。

（8）用药工作结束后，要及时将喷雾器清洁干净，连同剩余药剂一起交回仓库保管。清洗药械的污水应选择安全地点妥善处理，不准随地泼洒，防止污染饮用水源和养鱼塘。盛过农药的包装物品，不准用来盛粮食、油、酒水等食品和饲料。装过农药的空箱、瓶、袋等要集中处理。浸种用过的水缸要洗净集中保管。

二、施药人员的选择和个人防护

（1）凡体弱多病者，患皮肤病和农药中毒及其他疾病尚未恢复健康者，哺乳期、孕期、经期的妇女，皮肤损伤未愈者不得喷药或暂停喷药。喷药时不准带小孩到作业地点。

（2）施药人员在打药期间不得饮酒。

（3）施药人员打药时必须戴防毒口罩，穿长袖上衣、长裤和鞋、袜。在操作时禁止吸烟、喝水、吃东西，不能用手擦嘴、脸、眼睛，绝对不准互相喷射嬉闹。每日工作后喝水、抽烟、吃东西之前要用肥皂彻底清洗手、脸和漱口。有条件的应洗澡。被农药污染的工作服要及时换洗。

（4）施药人员每天喷药时间一般不得超过6小时。使用背负式机动药械，要两人轮换操作。

（5）操作人员如有头痛、头昏、恶心、呕吐等症状时，应立即离开施药现场，脱去污染的衣服，漱口，擦洗手、脸和皮肤暴露部位，及时送医院治疗。

第三篇

测土配方施肥技术

第十章 主要农作物的需肥特性与施肥技术

第一节 水稻需肥特性与施肥技术

（一）水稻的需肥特性

水稻生长发育所需的各类营养元素，主要依赖其根系从土壤中吸收。一般每生产100千克稻谷，均需吸收氮（N）1.6~2.4千克，磷（P_2O_5）0.8~1.3千克，钾（K_2O）1.8~3.8千克。通常杂交稻对钾的需求稍高于常规稻10%左右，粳稻较籼稻需氮多而需钾少。另外，水稻还需吸收锌（Zn）、硅（Si）、硼（B）等营养元素。

（二）水稻的需肥规律

水稻对氮磷钾的最大吸收量都在拔节期，均占全生育期养分总吸收量的50%以上，表明拔节期是养分对水稻的最大效率期。就水稻品种而言，晚稻由于其生育期短，对氮磷钾三要素的吸收量仅在移栽后2~3周形成一个高峰；而单季稻由于生育期较长，对三要素的吸收量一般分别在分蘖盛期和幼穗分化后期形成两个吸肥高峰。因此，施肥必须根据水稻这些营养规律和吸肥特性，充分满足水稻吸肥高峰对各种营养元素的需要。

（三）稻田土壤的养分特点

稻田土壤在水稻生长期间，绝大部分时间处于淹水状态，土壤水多气少，二氧化碳增加，氧化还原电位下降，还原性增强，铵态氮占主导地位，磷、钾的有效性增加，铁、锰活性，锌的有效性下降，pH趋于中性。

（四）推荐施肥量

施肥量的推荐因品种特性，产量目标及土壤供肥能力不同而有较大差异，为便于掌握列出中籼稻产量目标500千克田间施肥量推荐表（见表1）以供参考。

表1　中籼稻亩产500千克施肥量推荐表

土壤全氮(N)(%)	氮素(千克 N/亩)	土壤速效磷(毫克 P_2O_5/千克)	磷素(千克 P_2O_5/亩)	土壤速效钾(毫克 K_2O/千克)	钾素(毫克 K_2O/千克)
<0.10	13~15	<8	4~5	<80	5~7
0.10~0.15	11~13	8~15	3~4	80~150	3~5
>0.15	9~11	>15	2~3	>150	2~3

在具体操作上，应根据品种、土壤条件和产量指标等调整施肥量。另外，对于早茬田、低洼沤水田应注意基施锌肥1千克/亩，对于新改水田（特别是由蔬菜菜地新改水田）应注意基施硼肥0.5~1千克/亩。

（五）水稻施肥技术

1. 秧田施肥技术

水稻秧田通常占全生育的1/4~1/3，营养生长期的1/2，因此秧苗素质是水稻高产的重要基础。水稻育秧方式多种多样，但养分管理差异不大。首先必须施足基肥，一般每亩施尿素20~30千克，过磷酸钙30~50千克，氯化钾5~10千克，锌肥1千克，有条件的配合农家肥2 000千克左右。秧苗生长到3叶期时，每亩追施8~10千克尿素作为"断奶肥"；到拔秧前3~4天再每亩追施3~5千克尿素作为"送嫁肥"。断奶肥视秧田肥力和基肥水平而定，肥力高，基肥足，尤其是施用过耙面肥的田块，可以不施断奶肥；肥力差，基肥不足的田块，可适当提前到1叶1心或2叶1心时施用。

2. 本田施肥技术

研究表明：水稻一生所需肥料中，90%以上是从本田吸收来的。因此，水稻本田施肥技术极为重要。就中稻而言，一般在本田生长 90～120 天，以化肥为主体的施肥方法是：

①基肥。移栽前一周左右每亩施用农家肥 1 000～1 500 千克和 45% 司尔特水稻配方专用肥（17-12-16-S5-Zn0.5）30～40 千克作基肥深施；或是将其基肥总量的 2/3 在耕前施，留 1/3 在耙前施基面结合肥效甚佳。

②分蘖肥。移栽后 5～7 天每亩追施尿素 7～8 千克，以促进分蘖达到增穗目的。

③穗肥。在幼穗分化前 5～7 天视其群体和叶色落黄情况施保花或促花肥，一般施尿素 3～4 千克。对于群体较小，长势较弱的田块，可采用促保兼顾，从倒 4 叶末开始到孕穗期分 2～3次使用穗肥；对于群体适中，长势稳健的田块，以保为主，在倒 3 叶末和倒 2 叶露尖时一次性使用穗肥；对于群体过大、长势过旺的田块，穗肥可推迟到剑叶抽出期施用，且用量宜少；若剑叶抽出期叶色仍未明显落黄，则穗肥可不必施用。

④粒肥。在水稻抽穗后 15 天之内，视其叶色深浅，群体大小和叶片披垂程度，叶面喷施浓度为 0.2 磷酸二氢钾和 1% 尿素溶液，可延长剑叶寿命，促进光合产物运输，提高粒重，实现高产。

在具体施肥技术方面，一是要推广氮肥深施技术，提高利用率；二是要选用氯化铵、尿素、碳酸氢铵等铵态氮肥，避免使用硝态氮；三是追肥要避免肥料沾叶现象发生，避免过量施肥烧苗；四是叶面喷肥应选择晴天下午 16 点以后进行，避免中午高温蒸发，影响喷肥效果。

第二节　棉花需肥特性与施肥技术

(一) 棉花的需肥特性

棉花正常生长发育需要多种营养元素，其中以氮、磷、钾三种元素需要量大，土壤一般不能满足，需要通过施肥来补充。其他微量元素如锌、锰、硼等棉花需要量虽少，但由于受土壤气候等条件影响，土壤有时也不能满足对其生长发育的要求，表现为缺乏，施用微肥显著增产。

棉花一生中对氮、磷、钾元素的吸收数量受气候、土壤栽培条件及品种产量水平的影响，大致每生产 100 千克棉花（皮）需氮（N）17.5 千克、磷（P_2O_5）6.3 千克、钾（K_2O）15.5千克。

棉花不同生育时期吸收养分的数量是不同的。一般来讲，苗期是以长根、茎、叶为主的营养生长时期，植株小，生长慢，对养分的需要量少。蕾期营养与生殖生长同时进行，是棉花旺盛生长时期，此期棉花生长速度快，对养分的需要数量增多；花铃期营养生长达到最高峰，进而转向生殖生长占优势的时期，此时棉花对养分的吸收达到高峰，吸收的数量最多；吐絮期以后，棉花生长明显减弱，根系吸收能力下降，对养分的吸收量明显减少。

据中国农业科学院棉花研究所在中棉 12 研究表明，苗期棉花对氮（N）、磷（P_2O_5）、钾（K_2O）的吸收量分别占一生总吸收量的 4.5%、3.0% ~ 3.4%、3.7% ~ 4.0%；蕾期分别为27.8% ~ 30.4%、25.3% ~ 28.7% 和 28.3% ~ 31.6%；花铃期最高分别为 59.8% ~ 62.4%、64.4% ~ 67.1% 和 61.6% ~ 63.2%；吐絮期分别为 2.7% ~ 7.8%、1.1% ~ 6.9% 和 1.2% ~ 6.3%。

值得一提的是，苗期虽然对养分元素需要量少，但其作用大，如此时营养元素缺乏，会造成幼苗生长受挫，即使以后大量施肥也难以补救。因此，应满足棉花苗期对营养元素的需求，尤其是对磷素的需求，强调早施磷肥，并施入氮肥做基肥、种肥。

（二）棉花的施肥技术

1. 施足基肥

棉花生育期长，需肥量大，为保证棉花产量及培肥地力的需要，一般每亩增施农家肥 2 000~3 000 千克，45%司尔特棉花配方肥（18-10-17）40~45 千克，硫酸锌、硫酸锰 1~2 千克，硼砂 0.5~1 千克。

2. 追肥

棉花的追肥，在施足基肥的基础上，可分为苗肥、蕾肥、花铃肥和盖顶肥。

①苗肥。应轻施，施肥量不宜过多，一般追施尿素 4~5 千克，开沟条施或穴施。肥料应施在距苗 10 厘米、深 10 厘米左右处，施后要立即覆土。

②蕾肥。要稳施、巧施。对长势弱的棉田可增加施肥量，一般追施尿素 6~10 千克，对长势好的棉田追施 5 千克左右。

③花铃肥。要重施。花铃期是棉花一生中生长发育最旺盛的时期，营养生长和生殖生长加快，是棉花产量形成的关键时期。一般追施尿素 15~20 千克，氯化钾 5~6 千克，于初花期至盛花期开沟施下，大致在普遍开花后 10~15 天为宜。

④补施盖顶肥。一般在立秋前后补施盖顶肥，亩施尿素 3~5 千克。

（三）适当化控

一般蕾期亩用缩节胺 1.0~1.5 克，花铃期用 2.0~2.5 克，打顶后 1~10 天亩用 3 克，常规抗虫棉适当少用。具体要看苗、看天、看地酌情施用。

（四）叶面喷肥

由于棉花中、后期根系吸收能力减弱，为补充养分不足，对于脱肥或肥力不足的棉田可进行叶面喷肥一般地力差、生长弱的棉田，可喷 1%~2% 的尿素溶液，长势旺的棉田可喷 2%~3%

的磷肥水溶液，或 300～500 倍的磷酸二氢钾溶液，每次每亩
60～70 千克，喷 2～3 次。

第三节　小麦需肥特性与施肥技术

（一）小麦的需肥特性

在小麦整个生育期，需要的氮、磷、钾数量及其比例，因自
然条件、品种、栽培技术、施肥水平等因素不同而不同。在一般
产量水平下，每生产 100 千克小麦籽粒，需从土壤中吸收氮素
（N）3 千克，五氧化二磷（P_2O_5）1.5 千克，氧化钾（K_2O）2～
4 千克。$N : P_2O_5 : K_2O$ 为 $1 : 0.5 : 1$。

小麦整个生育期内，除种子萌发期间因本身贮藏养料，不需
吸收养分外，从苗期到成熟的各个生育期，均需要从土壤中吸收
养分。小麦各个生育期，吸收积累养分的数量和模式是不同的。
苗期氮素代谢旺盛，同时对磷钾反应敏感。因此，保证苗期的氮
素供应，可促进冬前分蘖、培育壮苗，为麦苗安全过冬、壮秆大
穗打下基础。但此时氮肥过多，也会造成分蘖过猛出现旺长，造
成群体大、个体差的局面。由于麦苗小，根量少，温度低，吸收
养分能力弱，养分积累不多，一般不到总量的 10%。

拔节期生殖生长与营养生长并进。幼穗分化、植株发育、茎
秆充实需要大量养分和碳水化合物。此时吸收特点是代谢速度
快，养分吸收与积累多。氮、钾的积累已达最大值的一半，磷约
占 40% 左右。

进入孕穗期，干物质积累速度达到高峰，相应地养分吸收与
积累达到最大。此时养分吸收速度远大于拔节期，尤其是磷、
钾，要比拔节期大 4～5 倍。地上部的氮素积累已达最大值的
80% 左右。磷钾在 85% 以上。在拔节期至孕穗期满足氮素供应，
可弥补基肥的养分经前期消耗而出现不足，提高成穗率，巩固亩
穗数，促进小花分化，增加穗粒数。

抽穗开花后，小麦以碳代谢为主导，根系吸收能力逐渐减弱并丧失，养分吸收随之减少并停止。因呼吸作用消耗，地上部分养分积累在灌浆后减少。

总体来说，小麦在整个生育期内对氮的吸收有两个高峰，一个是在分蘖盛期，占总吸收量的 12% ~ 14%；另一个在拔节至孕穗期，占总吸收量的 35% ~ 40%。这两个时期需氮的绝对值多，且吸收速度快。小麦吸收磷主要在拔节孕穗期，这个时期磷的吸收量可达总量的 60%。苗期磷吸收量虽然少，只占总量的10% 左右，但此时磷营养对于植株，尤其对根系极为重要，是小麦需磷的临界期。小麦在幼穗分化期间，磷素代谢比较旺盛。此时磷营养条件好，幼穗发育时间长，小穗数增多，确保穗大粒多。小麦对钾的吸收在拔节前比较少，拔节至孕穗期是小麦吸钾最多，吸收最快的时期，吸钾量可达总吸收量的 60% ~ 70%。此时保证充足的钾素供应，可使小麦植株粗壮，生长旺盛，有利于光合产物运输，加速灌浆，对穗粒数和粒重有良好的作用，同时还可提高籽粒蛋白质含量，改善小麦品质。

（二）小麦施肥技术

小麦的施肥量受品种、产量水平、土壤肥力、肥料利用率及栽培管理方式等多方面因素影响。在确定施肥量时，必须综合考虑以上因素，因不同情况，按小麦的营养特点、需肥规律及小麦长势灵活掌握。

（1）基肥　用作小麦基肥的肥料以腐熟的有机肥为主，配合适量的无机肥料。基肥的作用首先在于提高土壤供肥水平，使植株氮素水平提高，增强分蘖能力；基肥的另一重要作用是调整生育期的养分供应状况，使土壤在小麦各个生育阶段都能为小麦提供各种养料。有机肥以撒施为主，撒后随即深翻，下粗上细的分层施入，不要暴露于表面。有机肥亩用量因产量提高而应多施，一般在每亩 2 000 ~ 4 000 千克。除有机肥外，一部分氮肥、磷肥和钾肥也可作基肥。氮肥分基肥与追肥施入，较合理的基、追比为：高肥力麦田40%和60%，中肥力各占50%，低肥力为70%和30%。氮肥用作基肥一般每亩7千克纯氮（约折碳酸氢铵43千克）。磷肥一般每亩施过磷酸钙30～60千克，采取集中底施在作物根系附近的方法，如沟施、穴施等，也可与有机肥混合堆沤后试用。在缺钾的地块，施用钾肥能起到较好的增产效果，一般用10～15千克/亩氯化钾作基肥。

（2）种肥　种肥能使小麦冬前生长健壮，分蘖多，叶片大，次生根发达。特别是底肥不足的旱薄地麦、晚茬麦，种肥非常重要。一般用尿素和硫酸铵作种肥，肥料要干燥，要与种子混匀，随混随播。尿素用量为3～4千克/亩，硫酸铵作种肥用量为5～7.5千克/亩。如用碳酸氢铵作种肥一定要和种子分开施用。除氮肥外，颗粒状过磷酸钙也可作种肥。在播种前来不及施磷肥作基肥的情况下，磷肥作种肥效果极为明显。磷肥作种肥的用量为10千克/亩过磷酸钙。

（3）冬前追肥　苗期追肥的作用是促进冬前分蘖，巩固早期分蘖，促进植株光合作用和碳水化合物在体内积累，提高抗寒力。苗期追肥一般为总用肥量的20%。由于复种指数高，种麦前来不及施足有机肥作基肥，再者小麦分蘖期是一个吸氮高峰，一般都要重施腊肥，以促根、壮蘖、弥补基肥不足。腊肥施用因地制宜，每亩施有机肥500～1 500千克。小麦进入越冬期后，可用人畜粪等暖性肥料撒在麦田，起到保温增肥的作用。

（4）返青肥　小麦越冬后，结合灌返青水，早施返青肥。目的在于巩固冬前分蘖，促进年后分蘖，为穗多打基础。返青肥以速效肥为主，一般每亩施硫酸铵10～15千克，过磷酸钙9～10千克。对于基肥充足、麦苗生长旺盛的麦田，一般不施肥，应进行蹲苗，防止封垄过早，造成田间郁蔽和倒伏。

（5）拔节孕穗肥　小麦拔节孕穗肥是进行分蘖有效无效分化、小花分化、性器官形成和增加穗粒数的关键时期。在前期肥水适当，个体健壮，群体大小适中的麦田重施拔节肥，一般不会引起倒伏，反而有利于壮秆大穗。小麦拔节，植株生长发育旺盛，需要较多的养分，一般每亩尿素 7~8 千克，氯化钾 4~5 千克。在剑叶露尖时，如叶色褪淡，有早衰现象，可补施孕穗肥硫酸铵 5~10 千克。

（6）根外追肥　实践证明，小麦根外追肥用量少，见效快，对提高粒重、增加产量有明显效果。叶面喷施一般每亩每次用量 50 千克溶液，使用浓度：磷酸二氢钾 0.2%；草木灰 5%；尿素、硫酸铵、过磷酸钙 1%~2%。第一次喷施在灌浆初期；第二次喷施在第一次喷后 7 天左右。不同生育期施肥量见表 2、表 3。

表 2　小麦推荐施肥量和施肥时间参考表 *（单位：千克/亩）

		追肥一			追肥二			追肥三		
		时间	肥料	用量	时间	肥料	用量	时间	肥料	用量
小麦	方案一　尿素：15~18；过磷酸钙：50~60；氯化钾：6~8	返青期	尿素	3~4	拔节期	尿素	7~8	灌浆初期	磷酸二氢钾溶液或尿素	0.2%~0.3% 磷酸二氢钾 4~5 1%~2% 尿素　喷两次（水溶液 50 千克/亩，间隔 7 天）
	方案二　45%小麦配方肥（①17-13-15 ②19-11-16 ③ 20-8-17）：30~40									

基肥（增施农家肥 2 000~3 000 千克/亩，秸秆直接还田 200~300 千克/亩）。

表3　小麦微量元素推荐用量

肥料品种	施用方法
硫酸锰	基施用量1~2千克/亩 喷施浓度0.1%~0.2%于拔节前喷两次 浸种浓度0.05%~0.1%，浸6~10小时 拌种用量4~8千克种子
硫酸锌	基施用量1~2千克/亩 喷施浓度0.1%~0.2%于拔节前喷两次 浸种浓度0.05%，浸6~10小时 拌种用量4~5克/千克种子
硼肥	基施用量0.25~0.5千克/亩 喷施浓度0.1%~0.2%于拔节和孕穗前各喷一次 浸种浓度0.02%~0.05%，浸6~10小时

注：拌种时，将每千克麦种所用的拌种肥加水配成1千克水溶液，对种子进行喷雾处理，再将喷润后的种子闷4小时，经浸种或拌种处理的种子，待晾干后方可播种。

第四节　油菜需肥特性与施肥技术

（一）油菜的需肥特性

油菜是需肥较多的农作物。每生产百千克需要从土壤中吸收氮5.8千克，P_2O_5 2.5千克，K_2O 4.3千克。氮、磷、钾的吸收比例约为1：0.43：0.74。油菜不同生育阶段，吸收各营养元素有所不同，前期吸收氮素较多，中后期吸收磷、钾较多。

油菜是油料作物，有白菜型、芥芽型和甘蓝型3种。白菜型和芥芽型多直播，甘蓝型育苗移植。甘蓝型油菜需肥量多，丰产性能好，产量较高，大多亩产油菜籽140~160千克。油菜生长发育经历苗期、薹期、花期、结角期和成熟期。氮素充足，有效花芽分化期相应加长，为增加角果数、粒数和粒重打下基础；磷素供应及时，能增强油菜的抗逆性，促进早熟高产，提高含油量；增施钾素，能减轻油菜菌核病的发生，促进茎秆和分枝的形成。油菜的苗后期和薹期，是吸收养分和积累干物质的高峰。此时均衡、及时地供应氮、磷、钾等养分，是油菜优质高产的关键。

油菜为十字花科芸薹作物，吸收氮、磷、钾等养分较多。一般亩产油菜籽 100 千克，需从吸收氮（N）6.8～7.8 千克、磷（P_2O_5）2.4～2.8 千克、钾（K_2O）5.5～7.0 千克，氮、磷、钾比例为 7.3：2.6：6.3，即 1：0.36：0.86。如果亩产油菜籽 150 千克，需吸收 N—P_2O_5—K_2O 平均为 11—4—9（千克）。我国 90% 的油菜种植面积，是在长江流域及黄河以南等地的冬油菜，北方多种春油菜，生育期短，产量也低，但需肥规律差异不大。

冬油菜是过冬作物，又往往是水旱轮作的旱作物，土壤易缺磷，加上苗期土壤气温低，供磷能力弱，要重视增施磷肥。试验表明，油菜在生产中氮、磷、钾化肥的适宜比例：N：P_2O_5：K_2O 为 1：（0.6～0.8）：（0.5～0.6），平均为 1：0.70：0.55。如果亩产油菜籽 150 千克，一般需要亩施氮肥（N）15～17 千克，N—P_2O_5—K_2O 的平均施肥量为 16—11—9（千克）。施肥用量还要依据有机肥用量和土壤缺素程度，作适当调整。

苗期阶段吸收氮素占全生育期总吸收量的 45%，磷、钾各占 20% 左右。越冬前，油菜养分积累，形成一个高峰，然后进入越冬期，因此，必须满足越冬前对养分的需求，培育壮苗。

薹期阶段（初薹至始花期）是营养生长和生殖生长并进时期。吸收 N 占总量的 46%，P_2O_5 占总量的 21.7%，K_2O 占总量的 54.1%。氮、钾的日积月累达到最高峰。此期养分供应充足，对单株有效分枝数、角果数都有重要作用。

花期到成熟阶段是生殖生长最旺盛的时期，对氮、钾的吸收较薹期少，但磷素吸收量却为一生中最高时期，占总量的 58%。

（二）油菜的施肥技术

1. 基肥

包括氮肥总量的 50%，以及全部的磷、钾肥和农家肥。农家肥用量视肥质好坏而定，一般亩施 3～5 吨。基肥不足，幼苗瘦弱，即使大量追肥也难弥补。

2. 追肥

分腊肥（苗后期追肥）和蕾薹肥（抽薹中期），每次各占氮肥总用量的 25% 左右。如果油菜长势弱，可在抽薹初期追肥，以免早衰；长势强，可以抽薹后期，薹高 30 ~ 50 厘米时追施，以免疯长。花期应根据油菜长势决定是否追肥，如果需追肥可在开花结荚期，喷施 1% 尿素及 0.4% ~ 0.5% 的磷酸二氢钾溶液 50 ~ 70 千克，有较好的效果。

另外，油菜需硼量比较高，尤其是甘蓝型油菜对硼更加敏感。土壤缺硼，苗期根系不发达；抽薹前后，叶片呈紫红色斑点，叶色暗绿，叶片增厚皱缩，严重时发生"萎缩"症；后期则发生"花而不实"现象，对产量影响很大，严重时颗粒无收。据试验，每亩施用硼砂 0.5 ~ 0.75 千克，可增产油菜籽 20% ~ 30%，有的增产达 40% 以上。因此，施硼已成为种植甘蓝型油菜必不可少的措施。硼肥可作叶面喷施或基施。叶面喷施可节省用量，在苗后期和抽薹期各喷一次即可。每次每亩用硼砂 50 克对水 50 千克喷叶面。注意不要过量施硼，以防产生毒害。在一些地区，油菜还常发生缺硫和缺锌的现象，也应该引起重视。

第十二章 测土配方施肥知识问答

一、什么是测土配方施肥？

答：测土配方施肥是以土壤测试和肥料田间试验为基础，根据作物需肥规律、土壤供肥性能和肥料效应，在合理施用有机肥料的基础上，提出氮、磷、钾及中、微量元素等肥料的施用数量、施肥时期和施用方法。通俗地讲，就是在农业科技人员指导下科学施用配方肥。测土配方施肥技术的核心是调节和解决作物需肥与土壤供肥之间的矛盾。同时有针对性地补充作物所需的营养元素，作物缺什么元素就补充什么元素，需要多少补多少，实现各种养分平衡供应，满足作物的需要；达到提高肥料利用率和减少用量，提高作物产量，改善农产品品质，节省劳力，节支增收的目的。

二、推广测土配方施肥技术有何意义？

答：测土配方施肥不同于一般的"项目"或"工程"，是一项长期的、基础的工作，是直接关系到农作物稳定增产、农民收入稳步增加、生态环境不断改善的一项"日常"性工作。测土配方施肥工作不仅仅是一项简单的技术工作，它是由一系列理论、方法、技术、推广模式等组成的体系，只有社会各有关方面都积极参与，各司其职，各尽其能，才能真正推进测土配方施肥工作的开展。农业技术推广单位要负责测土、配方、施肥指导核心等环节，建立技术推广平台；测土配肥试验站、肥料生产企业、肥料销售商等搞好配方肥料生产和供应服务，建立良好的生产和营销机制；科研教学单位要重点解决限制性技术或难题，不断提升和完善测土配方施肥技术。

三、测土配方施肥技术的原理是什么？

答：测土配方施肥是以养分归还（补偿）学说、最小养分律、同等重要律、不可代替律、肥料效应报酬递减律和因子综合作用等为理论依据，以确定不同养分的施肥总量和配比为主要内容。为了充分的发挥肥料的最大增产效益，施肥必须与选用良种、肥水管理、种植密度、耕作制度和气候变化等影响肥效的诸因素结合，形成一套完整的施肥技术体系。

（1）养分归还（补偿）学说　作物产量的形成有 40% ~ 80% 的养分来自土壤，但不能把土壤看作一个取之不尽、用之不竭的"养分库"。为保证土壤有足够的养分供应容量和强度，保持土壤养分的输出与输入间的平衡，必须通过施肥这一措施来实现。依靠施肥，可以把被作物吸收的养分"归还"土壤，确保土壤肥力。

（2）最小养分律　作物生长发育需要吸收各种养分，但严重影响作物生长，限制作物产量的是土壤中那种相对含量最小的养分因素，也就是最缺的那种养分（最小养分）。如果忽视这个最小养分，即使继续增加其他养分，作物产量也难以再提高。只有增加最小养分的量，产量才能相应提高。经济合理的施肥方案，是将作物所缺的各种养分同时按作物所需比例相应提高，作物才会高产。

（3）同等重要律　对农作物来讲，不论大量元素或微量元素，都是同样重要缺一不可的，即使缺少某一种微量元素，尽管它的需要量很少，仍会影响某种生理功能而导致减产。如玉米缺锌导致植株矮小而出现花白苗，水稻苗期缺锌造成僵苗，棉花缺硼使得蕾而不花。微量元素与大量元素同等重要，不能因为需要量少而忽略。

（4）不可替代律　作物需要的各营养元素，在作物体内都有一定功效，相互之间不能替代。如缺磷不能用氮代替，缺钾不能用氮、磷配合代替。缺少什么营养元素，就必须施用含有该元素的肥料进行补充。

（5）报酬递减律　从一定土地上所得的报酬，随着向该土地投入的劳动和资本量的增大而有所增加，但达到一定水平后，随着投入的单位劳动和资本量的增加，报酬的增加却在逐渐减少。当施肥量超过适量时，作物产量与施肥量之间的关系就不再是曲线模式，而呈抛物线模式了，单位施肥量的增产会呈递减趋势。

（6）因子综合作用律　作物产量高代是由影响作物生长发育诸因子综合作用的结果，但其中必有一个起主导作用的限制因子，产量在一定程度上受该限制因子的制约。为了充分发挥肥料的增产作用和提高肥料的经济效益，一方面，施肥措施必须与其他农业技术措施密切配合，发挥生产体系的综合功能；另一方面，各种养分之间的配合施用，也是提高肥效不可忽视的问题。

四、测土配方施肥应遵循哪些原则？

答：测土配方施肥主要有三条原则：

一是有机与无机相结合。实施配方施肥必须以有机肥料为基础。土壤有机质是土壤肥沃程度的重要指标。增施有机肥料可以增加土壤有机质含量，改善土壤理化物生性状，提高土壤保水保肥能力，增强土壤微生物的活性，促进化肥利用率的提高。因此，必须坚持多种形式的有机肥料投入，才能够培肥地力，实现农业可持续发展。

二是大量、中量、微量元素配合。各种营养元素的配合是配方施肥的重要内容，随着产量的不断提高，在耕地高度集约利用的情况下，必须进一步强调氮、磷、钾肥的相互配合，并补充必要的中、微量元素，才能获得高产稳产。

三是用地与养地相结合，投入与产出相平衡。要使作物—土壤—肥料形成物质和能量的良性循环，必须坚持用养结合，投入、产出相平衡。破坏或消耗了土壤肥力，就意味着降低了农业再生产的能力。

五、常见不合理施肥有哪些？

答：不合理施肥通常是由于施肥数量、施肥时期、施肥方法不合理造成的。常见的现象有：

（1）施肥浅或表施　肥料易挥发、流失或难以到达作物根部，不利于作物吸收，造成肥料利用率低。肥料应施于种子或植株侧下方16～26厘米处。

（2）双氯肥　用氯化铵和氯化钾生产的复合肥称为双氯肥，含氯约30%，易烧苗，要及时浇水。盐碱地和对氯敏感的作物不能施用含氯肥料。对叶（茎）菜过多施用氯化钾等，不但造成蔬菜不鲜嫩、纤维多，而且使蔬菜味道变苦，口感差，效益低。

尿基复合肥含氮高，缩二脲含氮也略高，易烧苗，要注意浇水和施肥深度。

（3）农作物施用化肥不当　可能造成肥害，发生烧苗、植株萎蔫等现象；例如，一次性施用化肥过多或施肥后土壤水分不足，会造成土壤溶液浓度过高，作物根系吸水困难，导致植株萎蔫，甚至枯死。施氮肥过量，土壤中有大量的氨或铵离子，一方面氨挥发，遇空气中的雾滴形成碱性小水珠，灼伤作物，在叶片上产生焦枯斑点；另一方面，铵离子在旱土上易硝化，在亚硝化细菌作用下转化为亚硝铵，气化产生二氧化氮气体会毒害作物，在作物叶片上出现不规则水渍状斑块，叶脉间逐渐变白。此外，土壤中铵态氮过多时，植物会吸收过多的铵，引起铵中毒。

（4）过多地使用某种营养元素　不仅会对作物产生毒害，还会妨碍作物对其他营养元素的吸收，吸起缺素症。例如，施氮过量会引起缺钙；硝态氮过多会引起缺钼失绿；钾过多会降低钙、镁、硼的有效性；磷过多会降低钙、锌、硼的有效性。

（5）鲜人粪尿不宜直接施用于蔬菜　新鲜的人粪尿中含有大量病菌、毒素和寄生虫卵，如果未经腐熟而直接施用，会污染蔬菜，易传染疾病，需经高温堆沤发酵或无害化处理后才能施用。未腐熟的畜禽粪便在腐烂过程中会产生大量的硫化氢等有害气体，易使蔬菜种子缺氧窒息；并产生大量热量，易使蔬菜种子烧种或发生根腐病，不利于蔬菜种子萌芽生长。

为防止肥害的发生，生产上应注意合理施肥。一是增施有机肥，提高土壤缓冲能力；二是按规定施用化肥。根据土壤养分水平和作物对营养元素的需求情况，合理施肥，不随意加大施肥量，施追肥掌握轻肥勤施的原则；三是全层施肥。同等数量的化肥，在局部施用时往往造成局部土壤溶液浓度急剧升高，伤害作物根系，改为全层施肥，让肥料均匀分布于整个耕层，能使作物避免伤害。

第十三章　控释肥

控释肥是国家农业部重点推广肥料之一，是农业增产的第三次革命。

控释肥通过十几种不同厚度不同材料的包膜材料控制肥料养分释放速度，使肥料养分释放速度与作物生长周期需肥速度相吻合，相对常规肥料它有以下优势：

（1）肥效利用率高　常规肥料的养分通过空气蒸发，地下渗透，以及地表水冲失。真正被作物利用的不到30％。而农博士包膜控释肥通过外层包膜材料的控制，避免了以上流失使肥效利用率达到80％以上。

（2）增产效果明显　通过包膜控制养分释放，使作物养分供应平稳有规律，避免作物脱肥与徒长，增产幅度大都在100千克/亩以上。

（3）省时省力解放劳动力　使用农博士控释肥，大部分作物都可以实现一季作物只施一次肥，终生不用施肥，省时省力减少浪费和劳动力投入。

（4）杀菌驱虫效果明显　农博士控释肥的包膜材料采用多硫化合物，可以杀菌驱虫，相当于每袋肥料多送十几斤杀菌剂。

（5）长期使用改善土壤　养分释放完后的空壳既可蓄水保墒，又能起到通气保肥功能，使长期板结的土壤变得疏松。

（6）补充作物硫元素　硫元素也是作物生长不可或缺的中量元素，农博士控释肥释放完的空壳破碎后可直接参与养分释放，其中的硫元素大部分被作物吸收。

附　件

附件1

中华人民共和国农业技术推广法

中华人民共和国主席令

第 60 号

《全国人民代表大会常务委员会关于修改〈中华人民共和国农业技术推广法〉的决定》已由中华人民共和国第十一届全国人民代表大会常务委员会第 28 次会议于 2012 年 8 月 31 日通过，现予公布，自 2013 年 1 月 1 日起施行。

中华人民共和国主席　胡锦涛

2012 年 8 月 31 日

（1993 年 7 月 2 日第八届全国人民代表大会常务委员会第 2 次会议通过，根据 2012 年 8 月 31 日第十一届全国人民代表大会常务委员会第 28 次会议《关于修改〈中华人民共和国农业技术推广法〉的决定》修正）

第一章 总　则

第一条 为了加强农业技术推广工作，促使农业科研成果和实用技术尽快应用于农业生产，增强科技支撑保障能力，促进农业和农村经济可持续发展，实现农业现代化，制定本法。

第二条 本法所称农业技术，是指应用于种植业、林业、畜牧业、渔业的科研成果和实用技术，包括：

（一）良种繁育、栽培、肥料施用和养殖技术；

（二）植物病虫害、动物疫病和其他有害生物防治技术；

（三）农产品收获、加工、包装、贮藏、运输技术；

（四）农业投入品安全使用、农产品质量安全技术；

（五）农田水利、农村供排水、土壤改良与水土保持技术；

（六）农业机械化、农用航空、农业气象和农业信息技术；

（七）农业防灾减灾、农业资源与农业生态安全和农村能源开发利用技术；

（八）其他农业技术。

本法所称农业技术推广，是指通过试验、示范、培训、指导以及咨询服务等，把农业技术普及应用于农业产前、产中、产后全过程的活动。

第三条　国家扶持农业技术推广事业，加快农业技术的普及应用，发展高产、优质、高效、生态、安全农业。

第四条　农业技术推广应当遵循下列原则：

（一）有利于农业、农村经济可持续发展和增加农民收入；

（二）尊重农业劳动者和农业生产经营组织的意愿；

（三）因地制宜，经过试验、示范；

（四）公益性推广与经营性推广分类管理；

（五）兼顾经济效益、社会效益，注重生态效益。

第五条　国家鼓励和支持科技人员开发、推广应用先进的农业技术，鼓励和支持农业劳动者和农业生产经营组织应用先进的农业技术。

国家鼓励运用现代信息技术等先进传播手段，普及农业科学技术知识，创新农业技术推广方式方法，提高推广效率。

第六条　国家鼓励和支持引进国外先进的农业技术，促进农业技术推广的国际合作与交流。

第七条　各级人民政府应当加强对农业技术推广工作的领导，组织有关部门和单位采取措施，提高农业技术推广服务水平，促进农业技术推广事业的发展。

第八条　对在农业技术推广工作中做出贡献的单位和个人，

给予奖励。

第九条　国务院农业、林业、水利等部门（以下统称农业技术推广部门）按照各自的职责，负责全国范围内有关的农业技术推广工作。县级以上地方各级人民政府农业技术推广部门在同级人民政府的领导下，按照各自的职责，负责本行政区域内有关的农业技术推广工作。同级人民政府科学技术部门对农业技术推广工作进行指导。同级人民政府其他有关部门按照各自的职责，负责农业技术推广的有关工作。

第二章　农业技术推广体系

第十条　农业技术推广，实行国家农业技术推广机构与农业科研单位、有关学校、农民专业合作社、涉农企业、群众性科技组织、农民技术人员等相结合的推广体系。

国家鼓励和支持供销合作社、其他企业事业单位、社会团体以及社会各界的科技人员，开展农业技术推广服务。

第十一条　各级国家农业技术推广机构属于公共服务机构，履行下列公益性职责：

（一）各级人民政府确定的关键农业技术的引进、试验、示范；

（二）植物病虫害、动物疫病及农业灾害的监测、预报和预防；

（三）农产品生产过程中的检验、检测、监测咨询技术服务；

（四）农业资源、森林资源、农业生态安全和农业投入品使用的监测服务；

（五）水资源管理、防汛抗旱和农田水利建设技术服务；

（六）农业公共信息和农业技术宣传教育、培训服务；

（七）法律、法规规定的其他职责。

第十二条　根据科学合理、集中力量的原则以及县域农业特色、森林资源、水系和水利设施分布等情况，因地制宜设置县、乡镇或者区域国家农业技术推广机构。

　　乡镇国家农业技术推广机构，可以实行县级人民政府农业技术推广部门管理为主或者乡镇人民政府管理为主、县级人民政府农业技术推广部门业务指导的体制，具体由省、自治区、直辖市人民政府确定。

　　第十三条　国家农业技术推广机构的人员编制应当根据所服务区域的种养规模、服务范围和工作任务等合理确定，保证公益性职责的履行。

　　国家农业技术推广机构的岗位设置应当以专业技术岗位为主。乡镇国家农业技术推广机构的岗位应当全部为专业技术岗位，县级国家农业技术推广机构的专业技术岗位不得低于机构岗位总量的百分之八十，其他国家农业技术推广机构的专业技术岗位不得低于机构岗位总量的百分之七十。

　　第十四条　国家农业技术推广机构的专业技术人员应当具有相应的专业技术水平，符合岗位职责要求。

　　国家农业技术推广机构聘用的新进专业技术人员，应当具有大专以上有关专业学历，并通过县级以上人民政府有关部门组织的专业技术水平考核。自治县、民族乡和国家确定的连片特困地区，经省、自治区、直辖市人民政府有关部门批准，可以聘用具有中专有关专业学历的人员或者其他具有相应专业技术水平的人员。

　　国家鼓励和支持高等学校毕业生和科技人员到基层从事农业技术推广工作。各级人民政府应当采取措施，吸引人才，充实和加强基层农业技术推广队伍。

　　第十五条　国家鼓励和支持村农业技术服务站点和农民技术人员开展农业技术推广。对农民技术人员协助开展公益性农业技术推广活动，按照规定给予补助。

　　农民技术人员经考核符合条件的，可以按照有关规定授予相应的技术职称，并发给证书。

　　国家农业技术推广机构应当加强对村农业技术服务站点和农

民技术人员的指导。

村民委员会和村集体经济组织，应当推动、帮助村农业技术服务站点和农民技术人员开展工作。

第十六条 农业科研单位和有关学校应当适应农村经济建设发展的需要，开展农业技术开发和推广工作，加快先进技术在农业生产中的普及应用。

农业科研单位和有关学校应当将其科技人员从事农业技术推广工作的实绩作为工作考核和职称评定的重要内容。

第十七条 国家鼓励农场、林场、牧场、渔场、水利工程管理单位面向社会开展农业技术推广服务。

第十八条 国家鼓励和支持发展农村专业技术协会等群众性科技组织，发挥其在农业技术推广中的作用。

第三章 农业技术的推广与应用

第十九条 重大农业技术的推广应当列入国家和地方相关发展规划、计划，由农业技术推广部门会同科学技术等相关部门按照各自的职责，相互配合，组织实施。

第二十条 农业科研单位和有关学校应当把农业生产中需要解决的技术问题列为研究课题，其科研成果可以通过有关农业技术推广单位进行推广或者直接向农业劳动者和农业生产经营组织推广。

国家引导农业科研单位和有关学校开展公益性农业技术推广服务。

第二十一条 向农业劳动者和农业生产经营组织推广的农业技术，必须在推广地区经过试验证明具有先进性、适用性和安全性。

第二十二条 国家鼓励和支持农业劳动者和农业生产经营组织参与农业技术推广。

农业劳动者和农业生产经营组织在生产中应用先进的农业技术，有关部门和单位应当在技术培训、资金、物资和销售等方面给予扶持。

农业劳动者和农业生产经营组织根据自愿的原则应用农业技术，任何单位或者个人不得强迫。

推广农业技术，应当选择有条件的农户、区域或者工程项目，进行应用示范。

第二十三条　县、乡镇国家农业技术推广机构应当组织农业劳动者学习农业科学技术知识，提高其应用农业技术的能力。

教育、人力资源和社会保障、农业、林业、水利、科学技术等部门应当支持农业科研单位、有关学校开展有关农业技术推广的职业技术教育和技术培训，提高农业技术推广人员和农业劳动者的技术素质。

国家鼓励社会力量开展农业技术培训。

第二十四条　各级国家农业技术推广机构应当认真履行本法第十一条规定的公益性职责，向农业劳动者和农业生产经营组织推广农业技术，实行无偿服务。

国家农业技术推广机构以外的单位及科技人员以技术转让、技术服务、技术承包、技术咨询和技术入股等形式提供农业技术的，可以实行有偿服务，其合法收入和植物新品种、农业技术专利等知识产权受法律保护。进行农业技术转让、技术服务、技术承包、技术咨询和技术入股，当事人各方应当订立合同，约定各自的权利和义务。

第二十五条　国家鼓励和支持农民专业合作社、涉农企业，采取多种形式，为农民应用先进农业技术提供有关的技术服务。

第二十六条　国家鼓励和支持以大宗农产品和优势特色农产品生产为重点的农业示范区建设，发挥示范区对农业技术推广的引领作用，促进农业产业化发展和现代农业建设。

第二十七条　各级人民政府可以采取购买服务等方式，引导社会力量参与公益性农业技术推广服务。

第四章　农业技术推广的保障措施

第二十八条　国家逐步提高对农业技术推广的投入。各级人民政府在财政预算内应当保障用于农业技术推广的资金，并按规定使该资金逐年增长。

各级人民政府通过财政拨款以及从农业发展基金中提取一定比例的资金的渠道，筹集农业技术推广专项资金，用于实施农业技术推广项目。中央财政对重大农业技术推广给予补助。

县、乡镇国家农业技术推广机构的工作经费根据当地服务规模和绩效确定，由各级财政共同承担。

任何单位或者个人不得截留或者挪用用于农业技术推广的资金。

第二十九条　各级人民政府应当采取措施，保障和改善县、乡镇国家农业技术推广机构的专业技术人员的工作条件、生活条件和待遇，并按照国家规定给予补贴，保持国家农业技术推广队伍的稳定。

对在县、乡镇、村从事农业技术推广工作的专业技术人员的职称评定，应当以考核其推广工作的业务技术水平和实绩为主。

第三十条　各级人民政府应当采取措施，保障国家农业技术推广机构获得必需的试验示范场所、办公场所、推广和培训设施设备等工作条件。

地方各级人民政府应当保障国家农业技术推广机构的试验示范场所、生产资料和其他财产不受侵害。

第三十一条　农业技术推广部门和县级以上国家农业技术推广机构，应当有计划地对农业技术推广人员进行技术培训，组织专业进修，使其不断更新知识、提高业务水平。

第三十二条　县级以上农业技术推广部门、乡镇人民政府应当对其管理的国家农业技术推广机构履行公益性职责的情况进行监督、考评。

各级农业技术推广部门和国家农业技术推广机构，应当建立国家农业技术推广机构的专业技术人员工作责任制度和考评制度。

县级人民政府农业技术推广部门管理为主的乡镇国家农业技术推广机构的人员，其业务考核、岗位聘用以及晋升，应当充分听取所服务区域的乡镇人民政府和服务对象的意见。

乡镇人民政府管理为主、县级人民政府农业技术推广部门业务指导的乡镇国家农业技术推广机构的人员，其业务考核、岗位聘用以及晋升，应当充分听取所在地的县级人民政府农业技术推广部门和服务对象的意见。

第三十三条　从事农业技术推广服务的，可以享受国家规定的税收、信贷等方面的优惠。

第五章　法律责任

第三十四条　各级人民政府有关部门及其工作人员未依照本法规定履行职责的，对直接负责的主管人员和其他直接责任人员依法给予处分。

第三十五条　国家农业技术推广机构及其工作人员未依照本法规定履行职责的，由主管机关责令限期改正，通报批评；对直接负责的主管人员和其他直接责任人员依法给予处分。

第三十六条　违反本法规定，向农业劳动者、农业生产经营组织推广未经试验证明具有先进性、适用性或者安全性的农业技术，造成损失的，应当承担赔偿责任。

第三十七条　违反本法规定，强迫农业劳动者、农业生产经营组织应用农业技术，造成损失的，依法承担赔偿责任。

第三十八条　违反本法规定，截留或者挪用用于农业技术推广的资金的，对直接负责的主管人员和其他直接责任人员依法给予处分；构成犯罪的，依法追究刑事责任。

第六章　附　　则

第三十九条　本法自公布之日起施行。

附件 2

中华人民共和国农民专业合作社法

《中华人民共和国农民专业合作社法》已由中华人民共和国第十届全国人民代表大会常务委员会第二十四次会议于 2006 年 10 月 31 日通过，现予公布，自 2007 年 7 月 1 日起施行。

第一章　总　则
第二章　设立和登记
第三章　成　员
第四章　组织机构
第五章　财务管理
第六章　合并、分立、解散和清算
第七章　扶持政策
第八章　法律责任
第九章　附　则

第一章　总　则

第一条　为了支持、引导农民专业合作社的发展，规范农民专业合作社的组织和行为，保护农民专业合作社及其成员的合法权益，促进农业和农村经济的发展，制定本法。

第二条　农民专业合作社是在农村家庭承包经营基础上，同类农产品的生产经营者或者同类农业生产经营服务的提供者、利用者，自愿联合、民主管理的互助性经济组织。

农民专业合作社以其成员为主要服务对象，提供农业生产资料的购买，农产品的销售、加工、运输、贮藏以及与农业生产经营有关的技术、信息等服务。

第三条　农民专业合作社应当遵循下列原则：

（一）成员以农民为主体；

（二）以服务成员为宗旨，谋求全体成员的共同利益；

（三）入社自愿、退社自由；

（四）成员地位平等，实行民主管理；

（五）盈余主要按照成员与农民专业合作社的交易量（额）比例返还。

第四条　农民专业合作社依照本法登记，取得法人资格。

农民专业合作社对由成员出资、公积金、国家财政直接补助、他人捐赠以及合法取得的其他资产所形成的财产，享有占有、使用和处分的权利，并以上述财产对债务承担责任。

第五条　农民专业合作社成员以其账户内记载的出资额和公积金份额为限对农民专业合作社承担责任。

第六条　国家保护农民专业合作社及其成员的合法权益，任何单位和个人不得侵犯。

第七条　农民专业合作社从事生产经营活动，应当遵守法律、行政法规，遵守社会公德、商业道德，诚实守信。

第八条　国家通过财政支持、税收优惠和金融、科技、人才的扶持以及产业政策引导等措施，促进农民专业合作社的发展。

国家鼓励和支持社会各方面力量为农民专业合作社提供服务。

第九条　县级以上各级人民政府应当组织农业行政主管部门和其他有关部门及有关组织，依照本法规定，依据各自职责，对农民专业合作社的建设和发展给予指导、扶持和服务。

第二章　设立和登记

第十条　设立农民专业合作社，应当具备下列条件：

（一）有五名以上符合本法第十四条、第十五条规定的成员；

（二）有符合本法规定的章程；

（三）有符合本法规定的组织机构；

（四）有符合法律、行政法规规定的名称和章程确定的住所；

（五）有符合章程规定的成员出资。

第十一条　设立农民专业合作社应当召开由全体设立人参加的设立大会。设立时自愿成为该社成员的人为设立人。

设立大会行使下列职权：

（一）通过本社章程，章程应当由全体设立人一致通过；

（二）选举产生理事长、理事、执行监事或者监事会成员；

（三）审议其他重大事项。

第十二条　农民专业合作社章程应当载明下列事项：

（一）名称和住所；

（二）业务范围；

（三）成员资格及入社、退社和除名；

（四）成员的权利和义务；

（五）组织机构及其产生办法、职权、任期、议事规则；

（六）成员的出资方式、出资额；

（七）财务管理和盈余分配、亏损处理；

（八）章程修改程序；

（九）解散事由和清算办法；

（十）公告事项及发布方式；

（十一）需要规定的其他事项。

第十三条　设立农民专业合作社，应当向工商行政管理部门提交下列文件，申请设立登记：

（一）登记申请书；

（二）全体设立人签名、盖章的设立大会纪要；

（三）全体设立人签名、盖章的章程；

（四）法定代表人、理事的任职文件及身份证明；

（五）出资成员签名、盖章的出资清单；

（六）住所使用证明；

（七）法律、行政法规规定的其他文件。

登记机关应当自受理登记申请之日起二十日内办理完毕，向符合登记条件的申请者颁发营业执照。

农民专业合作社法定登记事项变更的，应当申请变更登记。

农民专业合作社登记办法由国务院规定。办理登记不得收取费用。

第三章　成　员

第十四条　具有民事行为能力的公民，以及从事与农民专业合作社业务直接有关的生产经营活动的企业、事业单位或者社会团体，能够利用农民专业合作社提供的服务，承认并遵守农民专业合作社章程，履行章程规定的入社手续的，可以成为农民专业合作社的成员。但是，具有管理公共事务职能的单位不得加入农民专业合作社。

农民专业合作社应当置备成员名册，并报登记机关。

第十五条　农民专业合作社的成员中，农民至少应当占成员总数的百分之八十。

成员总数二十人以下的，可以有一个企业、事业单位或者社会团体成员；成员总数超过二十人的，企业、事业单位和社会团体成员不得超过成员总数的百分之五。

第十六条　农民专业合作社成员享有下列权利：

（一）参加成员大会，并享有表决权、选举权和被选举权，按照章程规定对本社实行民主管理；

（二）利用本社提供的服务和生产经营设施；

（三）按照章程规定或者成员大会决议分享盈余；

（四）查阅本社的章程、成员名册、成员大会或者成员代表大会记录、理事会会议决议、监事会会议决议、财务会计报告和会计账簿；

（五）章程规定的其他权利。

第十七条　农民专业合作社成员大会选举和表决，实行一人一票制，成员各享有一票的基本表决权。

出资额或者与本社交易量（额）较大的成员按照章程规定，可以享有附加表决权。本社的附加表决权总票数，不得超过本社成员基本表决权总票数的百分之二十。享有附加表决权的成员及其享有的附加表决权数，应当在每次成员大会召开时告知出席会议的成员。

章程可以限制附加表决权行使的范围。

第十八条　农民专业合作社成员承担下列义务：

（一）执行成员大会、成员代表大会和理事会的决议；

（二）按照章程规定向本社出资；

（三）按照章程规定与本社进行交易；

（四）按照章程规定承担亏损；

（五）章程规定的其他义务。

第十九条　农民专业合作社成员要求退社的，应当在财务年度终了的三个月前向理事长或者理事会提出；其中，企业、事业单位或者社会团体成员退社，应当在财务年度终了的六个月前提出；章程另有规定的，从其规定。退社成员的成员资格自财务年度终了时终止。

第二十条　成员在其资格终止前与农民专业合作社已订立的合同，应当继续履行；章程另有规定或者与本社另有约定的除外。

第二十一条　成员资格终止的，农民专业合作社应当按照章程规定的方式和期限，退还记载在该成员账户内的出资额和公积金份额；对成员资格终止前的可分配盈余，依照本法第三十七条第二款的规定向其返还。

资格终止的成员应当按照章程规定分摊资格终止前本社的亏损及债务。

第四章　组织机构

第二十二条　农民专业合作社成员大会由全体成员组成，是本社的权力机构，行使下列职权：

（一）修改章程；

（二）选举和罢免理事长、理事、执行监事或者监事会成员；

（三）决定重大财产处置、对外投资、对外担保和生产经营活动中的其他重大事项；

（四）批准年度业务报告、盈余分配方案、亏损处理方案；

（五）对合并、分立、解散、清算作出决议；

（六）决定聘用经营管理人员和专业技术人员的数量、资格和任期；

（七）听取理事长或者理事会关于成员变动情况的报告；

（八）章程规定的其他职权。

第二十三条　农民专业合作社召开成员大会，出席人数应当达到成员总数三分之二以上。

成员大会选举或者作出决议，应当由本社成员表决权总数过半数通过；作出修改章程或者合并、分立、解散的决议应当由本社成员表决权总数的三分之二以上通过。章程对表决权数有较高规定的，从其规定。

第二十四条　农民专业合作社成员大会每年至少召开一次，会议的召集由章程规定。有下列情形之一的，应当在二十日内召开临时成员大会：

（一）百分之三十以上的成员提议；

（二）执行监事或者监事会提议；

（三）章程规定的其他情形。

第二十五条　农民专业合作社成员超过一百五十人的，可以按照章程规定设立成员代表大会。成员代表大会按章程规定可以行使成员大会的部分或者全部职权。

第二十六条 农民专业合作社设理事长一名，可以设理事会。理事长为本社的法定代表人。

农民专业合作社可以设执行监事或者监事会。理事长、理事、经理和财务会计人员不得兼任监事。

理事长、理事、执行监事或者监事会成员，由成员大会从本社成员中选举产生，依照本法和章程的规定行使职权，对成员大会负责。

理事会会议、监事会会议的表决，实行一人一票。

第二十七条 农民专业合作社的成员大会、理事会、监事会，应当将所议事项的决定作成会议记录，出席会议的成员、理事、监事应当在会议记录上签名。

第二十八条 农民专业合作社的理事长或者理事会可以按照成员大会的决定聘任经理和财务会计人员，理事长或者理事可以兼任经理。经理按照章程规定或者理事会的决定，可以聘任其他人员。

经理按照章程规定和理事长或者理事会授权，负责具体生产经营活动。

第二十九条 农民专业合作社的理事长、理事和管理人员不得有下列行为：

（一）侵占、挪用或者私分本社资产；

（二）违反章程规定或者未经成员大会同意，将本社资金借贷给他人或者以本社资产为他人提供担保；

（三）接受他人与本社交易的佣金归为己有；

（四）从事损害本社经济利益的其他活动。

理事长、理事和管理人员违反前款规定所得的收入，应当归本社所有；给本社造成损失的，应当承担赔偿责任。

第三十条 农民专业合作社的理事长、理事、经理不得兼任业务性质相同的其他农民专业合作社的理事长、理事、监事、经理。

第三十一条 执行与农民专业合作社业务有关公务的人员，不得担任农民专业合作社的理事长、理事、监事、经理或者财务会计人员。

第五章　财务管理

第三十二条 国务院财政部门依照国家有关法律、行政法规，制定农民专业合作社财务会计制度。农民专业合作社应当按照国务院财政部门制定的财务会计制度进行会计核算。

第三十三条 农民专业合作社的理事长或者理事会应当按照章程规定，组织编制年度业务报告、盈余分配方案、亏损处理方案以及财务会计报告，于成员大会召开的十五日前，置备于办公地点，供成员查阅。

第三十四条 农民专业合作社与其成员的交易、与利用其提供的服务的非成员的交易，应当分别核算。

第三十五条 农民专业合作社可以按照章程规定或者成员大会决议从当年盈余中提取公积金。公积金用于弥补亏损、扩大生产经营或者转为成员出资。

每年提取的公积金按照章程规定量化为每个成员的份额。

第三十六条 农民专业合作社应当为每个成员设立成员账户，主要记载下列内容：

（一）该成员的出资额；

（二）量化为该成员的公积金份额；

（三）该成员与本社的交易量（额）。

第三十七条 在弥补亏损、提取公积金后的当年盈余，为农民专业合作社的可分配盈余。

可分配盈余按照下列规定返还或者分配给成员，具体分配办法按照章程规定或者经成员大会决议确定：

（一）按成员与本社的交易量（额）比例返还，返还总额不得低于可分配盈余的百分之六十；

（二）按前项规定返还后的剩余部分，以成员账户中记载的出资额和公积金份额，以及本社接受国家财政直接补助和他人捐赠形成的财产平均量化到成员的份额，按比例分配给本社成员。

第三十八条　设立执行监事或者监事会的农民专业合作社，由执行监事或者监事会负责对本社的财务进行内部审计，审计结果应当向成员大会报告。

成员大会也可以委托审计机构对本社的财务进行审计。

第六章　合并、分立、解散和清算

第三十九条　农民专业合作社合并，应当自合并决议作出之日起十日内通知债权人。合并各方的债权、债务应当由合并后存续或者新设的组织承继。

第四十条　农民专业合作社分立，其财产作相应的分割，并应当自分立决议作出之日起十日内通知债权人。分立前的债务由分立后的组织承担连带责任。但是，在分立前与债权人就债务清偿达成的书面协议另有约定的除外。

第四十一条　农民专业合作社因下列原因解散：

（一）章程规定的解散事由出现；

（二）成员大会决议解散；

（三）因合并或者分立需要解散；

（四）依法被吊销营业执照或者被撤销。

因前款第一项、第二项、第四项原因解散的，应当在解散事由出现之日起十五日内由成员大会推举成员组成清算组，开始解散清算。逾期不能组成清算组的，成员、债权人可以向人民法院申请指定成员组成清算组进行清算，人民法院应当受理该申请，并及时指定成员组成清算组进行清算。

第四十二条　清算组自成立之日起接管农民专业合作社，负责处理与清算有关未了结业务，清理财产和债权、债务，分配清偿债务后的剩余财产，代表农民专业合作社参与诉讼、仲裁或者其他法律程序，并在清算结束时办理注销登记。

第四十三条　清算组应当自成立之日起十日内通知农民专业

合作社成员和债权人，并于六十日内在报纸上公告。债权人应当自接到通知之日起三十日内，未接到通知的自公告之日起四十五日内，向清算组申报债权。如果在规定期间内全部成员、债权人均已收到通知，免除清算组的公告义务。

债权人申报债权，应当说明债权的有关事项，并提供证明材料。清算组应当对债权进行登记。

在申报债权期间，清算组不得对债权人进行清偿。

第四十四条　农民专业合作社因本法第四十一条第一款的原因解散，或者人民法院受理破产申请时，不能办理成员退社手续。

第四十五条　清算组负责制定包括清偿农民专业合作社员工的工资及社会保险费用，清偿所欠税款和其他各项债务，以及分配剩余财产在内的清算方案，经成员大会通过或者申请人民法院确认后实施。

清算组发现农民专业合作社的财产不足以清偿债务的，应当依法向人民法院申请破产。

第四十六条　农民专业合作社接受国家财政直接补助形成的财产，在解散、破产清算时，不得作为可分配剩余资产分配给成员，处置办法由国务院规定。

第四十七条　清算组成员应当忠于职守，依法履行清算义务，因故意或者重大过失给农民专业合作社成员及债权人造成损失的，应当承担赔偿责任。

第四十八条　农民专业合作社破产适用企业破产法的有关规定。但是，破产财产在清偿破产费用和共益债务后，应当优先清偿破产前与农民成员已发生交易但尚未结清的款项。

第七章　扶持政策

第四十九条　国家支持发展农业和农村经济的建设项目，可以委托和安排有条件的有关农民专业合作社实施。

第五十条　中央和地方财政应当分别安排资金，支持农民专业合作社开展信息、培训、农产品质量标准与认证、农业生产基础设施建设、市场营销和技术推广等服务。对民族地区、边远地区和贫困地区的农民专业合作社和生产国家与社会急需的重要农产品的农民专业合作社给予优先扶持。

第五十一条 国家政策性金融机构应当采取多种形式，为农民专业合作社提供多渠道的资金支持。具体支持政策由国务院规定。

国家鼓励商业性金融机构采取多种形式，为农民专业合作社提供金融服务。

第五十二条 农民专业合作社享受国家规定的对农业生产、加工、流通、服务和其他涉农经济活动相应的税收优惠。

支持农民专业合作社发展的其他税收优惠政策，由国务院规定。

第八章 法律责任

第五十三条 侵占、挪用、截留、私分或者以其他方式侵犯农民专业合作社及其成员的合法财产，非法干预农民专业合作社及其成员的生产经营活动，向农民专业合作社及其成员摊派，强迫农民专业合作社及其成员接受有偿服务，造成农民专业合作社经济损失的，依法追究法律责任。

第五十四条 农民专业合作社向登记机关提供虚假登记材料或者采取其他欺诈手段取得登记的，由登记机关责令改正；情节严重的，撤销登记。

第五十五条 农民专业合作社在依法向有关主管部门提供的财务报告等材料中，作虚假记载或者隐瞒重要事实的，依法追究法律责任。

第九章 附 则

第五十六条 本法自 2007 年 7 月 1 日起施行。

附件 3

中华人民共和国农产品质量安全法

（2006 年 4 月 29 日第十届全国人民代表大会常务委员会第二十一次会议通过　2006 年 4 月 29 日中华人民共和国主席令第四十九号公布　自 2006 年 11 月 1 日起施行）

第一章　总则

第一条　为保障农产品质量安全，维护公众健康，促进农业和农村经济发展，制定本法。

第二条　本法所称农产品，是指来源于农业的初级产品，即在农业活动中获得的植物、动物、微生物及其产品。

第三条　本法所称农产品质量安全，是指农产品质量符合保障人的健康、安全的要求。

第四条　县级以上人民政府农业行政主管部门负责农产品质量安全的监督管理工作；县级以上人民政府有关部门按照职责分工，负责农产品质量安全的有关工作。

第五条　县级以上人民政府应当将农产品质量安全管理工作纳入本级国民经济和社会发展规划，并安排农产品质量安全经费，用于开展农产品质量安全工作。

第六条　县级以上地方人民政府统一领导、协调本行政区域内的农产品质量安全工作，并采取措施，建立健全农产品质量安全服务体系，提高农产品质量安全水平。

第七条　国务院农业行政主管部门应当设立由有关方面专家组成的农产品质量安全风险评估专家委员会，对可能影响农产品质量安全的潜在危害进行风险分析和评估。

国务院农业行政主管部门应当根据农产品质量安全风险评估结果采取相应的管理措施，并将农产品质量安全风险评估结果及时通报国务院有关部门。

第八条　国务院农业行政主管部门和省、自治区、直辖市人民政府农业行政主管部门应当按照职责权限，发布有关农产品质量安全状况信息。

第九条　国家引导、推广农产品标准化生产，鼓励和支持生产优质农产品，禁止生产、销售不符合国家规定的农产品质量安全标准的农产品。

第十条　国家支持农产品质量安全科学技术研究，推行科学的质量安全管理方法，推广先进安全的生产技术。

第十一条　各级人民政府及有关部门应当加强农产品质量安全知识的宣传，提高公众的农产品质量安全意识，引导农产品生产者、销售者加强质量安全管理，保障农产品消费安全。

第二章　农产品质量安全标准

第十二条　国家建立健全农产品质量安全标准体系。农产品质量安全标准是强制性的技术规范。

农产品质量安全标准的制定和发布，依照有关法律、行政法规的规定执行。

第十三条　制定农产品质量安全标准应当充分考虑农产品质

量安全风险评估结果，并听取农产品生产者、销售者和消费者的意见，保障消费安全。

第十四条　农产品质量安全标准应当根据科学技术发展水平以及农产品质量安全的需要，及时修订。

第十五条　农产品质量安全标准由农业行政主管部门商有关部门组织实施。

第三章　农产品产地

第十六条　县级以上地方人民政府农业行政主管部门按照保障农产品质量安全的要求，根据农产品品种特性和生产区域大气、土壤、水体中有毒有害物质状况等因素，认为不适宜特定农产品生产的，提出禁止生产的区域，报本级人民政府批准后公布。具体办法由国务院农业行政主管部门商国务院环境保护行政主管部门制定。

农产品禁止生产区域的调整，依照前款规定的程序办理。

第十七条　县级以上人民政府应当采取措施，加强农产品基地建设，改善农产品的生产条件。

县级以上人民政府农业行政主管部门应当采取措施，推进保障农产品质量安全的标准化生产综合示范区、示范农场、养殖小区和无规定动植物疫病区的建设。

第十八条　禁止在有毒有害物质超过规定标准的区域生产、捕捞、采集食用农产品和建立农产品生产基地。

第十九条　禁止违反法律、法规的规定向农产品产地排放或者倾倒废水、废气、固体废弃物或者其他有毒有害物质。

农业生产用水和用作肥料的固体废物，应当符合国家规定的标准。

第二十条　农产品生产者应当合理使用化肥、农药、兽药、农用薄膜等化工产品，防止对农产品产地造成污染。

第四章　农产品生产

第二十一条　国务院农业行政主管部门和省、自治区、直辖市人民政府农业行政主管部门应当制定保障农产品质量安全的生产技术要求和操作规程。县级以上人民政府农业行政主管部门应当加强对农产品生产的指导。

第二十二条　对可能影响农产品质量安全的农药、兽药、饲料和饲料添加剂、肥料、兽医器械，依照有关法律、行政法规的规定实行许可制度。

国务院农业行政主管部门和省、自治区、直辖市人民政府农业行政主管部门应当定期对可能危及农产品质量安全的农药、兽药、饲料和饲料添加剂、肥料等农业投入品进行监督抽查，并公布抽查结果。

第二十三条　县级以上人民政府农业行政主管部门应当加强对农业投入品使用的管理和指导，建立健全农业投入品的安全使用制度。

第二十四条　农业科研教育机构和农业技术推广机构应当加强对农产品生产者质量安全知识和技能的培训。

第二十五条　农产品生产企业和农民专业合作经济组织应当建立农产品生产记录，如实记载下列事项：

（一）使用农业投入品的名称、来源、用法、用量和使用、停用的日期；

（二）动物疫病、植物病虫草害的发生和防治情况；

（三）收获、屠宰或者捕捞的日期。

农产品生产记录应当保存二年。禁止伪造农产品生产记录。

国家鼓励其他农产品生产者建立农产品生产记录。

第二十六条　农产品生产者应当按照法律、行政法规和国务院农业行政主管部门的规定，合理使用农业投入品，严格执行农业投入品使用安全间隔期或者休药期的规定，防止危及农产品质量安全。

禁止在农产品生产过程中使用国家明令禁止使用的农业投入品。

第二十七条　农产品生产企业和农民专业合作经济组织，应当自行或者委托检测机构对农产品质量安全状况进行检测；经检测不符合农产品质量安全标准的农产品，不得销售。

第二十八条　农民专业合作经济组织和农产品行业协会对其成员应当及时提供生产技术服务，建立农产品质量安全管理制度，健全农产品质量安全控制体系，加强自律管理。

第五章　农产品包装和标识

第二十九条　农产品生产企业、农民专业合作经济组织以及从事农产品收购的单位或者个人销售的农产品，按照规定应当包装或者附加标识的，须经包装或者附加标识后方可销售。包装物或者标识上应当按照规定标明产品的品名、产地、生产者、生产日期、保质期、产品质量等级等内容；使用添加剂的，还应当按照规定标明添加剂的名称。具体办法由国务院农业行政主管部门制定。

第三十条　农产品在包装、保鲜、贮存、运输中所使用的保鲜剂、防腐剂、添加剂等材料，应当符合国家有关强制性的技术规范。

第三十一条　属于农业转基因生物的农产品，应当按照农业转基因生物安全管理的有关规定进行标识。

第三十二条　依法需要实施检疫的动植物及其产品，应当附具检疫合格标志、检疫合格证明。

第三十三条　销售的农产品必须符合农产品质量安全标准，生产者可以申请使用无公害农产品标志。农产品质量符合国家规定的有关优质农产品标准的，生产者可以申请使用相应的农产品质量标志。

禁止冒用前款规定的农产品质量标志。

第六章　监督检查

第三十四条　有下列情形之一的农产品，不得销售：

（一）含有国家禁止使用的农药、兽药或者其他化学物质的；

（二）农药、兽药等化学物质残留或者含有的重金属等有毒有害物质不符合农产品质量安全标准的；

（三）含有的致病性寄生虫、微生物或者生物毒素不符合农产品质量安全标准的；

（四）使用的保鲜剂、防腐剂、添加剂等材料不符合国家有关强制性的技术规范的；

（五）其他不符合农产品质量安全标准的。

第三十五条 国家建立农产品质量安全监测制度。县级以上人民政府农业行政主管部门应当按照保障农产品质量安全的要求，制定并组织实施农产品质量安全监测计划，对生产中或者市场上销售的农产品进行监督抽查。监督抽查结果由国务院农业行政主管部门或者省、自治区、直辖市人民政府农业行政主管部门按照权限予以公布。

监督抽查检测应当委托符合本法第三十五条规定条件的农产品质量安全检测机构进行，不得向被抽查人收取费用，抽取的样品不得超过国务院农业行政主管部门规定的数量。上级农业行政主管部门监督抽查的农产品，下级农业行政主管部门不得另行重复抽查。

第三十六条 农产品质量安全检测应当充分利用现有的符合条件的检测机构。

从事农产品质量安全检测的机构，必须具备相应的检测条件和能力，由省级以上人民政府农业行政主管部门或者其授权的部门考核合格。具体办法由国务院农业行政主管部门制定。

农产品质量安全检测机构应当依法经计量认证合格。

第三十七条 农产品生产者、销售者对监督抽查检测结果有异议的，可以自收到检测结果之日起五日内，向组织实施农产品质量安全监督抽查的农业行政主管部门或者其上级农业行政主管部门申请复检。

采用国务院农业行政主管部门会同有关部门认定的快速检测方法进行农产品质量安全监督抽查检测，被抽查人对检测结果有异议的，可以自收到检测结果时起四小时内申请复检。复检不得采用快速检测方法。

因检测结果错误给当事人造成损害的，依法承担赔偿责任。

第三十八条　农产品批发市场应当设立或者委托农产品质量安全检测机构，对进场销售的农产品质量安全状况进行抽查检测；发现不符合农产品质量安全标准的，应当要求销售者立即停止销售，并向农业行政主管部门报告。

农产品销售企业对其销售的农产品，应当建立健全进货检查验收制度；经查验不符合农产品质量安全标准的，不得销售。

第三十九条　国家鼓励单位和个人对农产品质量安全进行社会监督。任何单位和个人都有权对违反本法的行为进行检举、揭发和控告。有关部门收到相关的检举、揭发和控告后，应当及时处理。

第四十条　县级以上人民政府农业行政主管部门在农产品质量安全监督检查中，可以对生产、销售的农产品进行现场检查，调查了解农产品质量安全的有关情况，查阅、复制与农产品质量安全有关的记录和其他资料；对经检测不符合农产品质量安全标准的农产品，有权查封、扣押。

第四十一条　发生农产品质量安全事故时，有关单位和个人应当采取控制措施，及时向所在地乡级人民政府和县级人民政府农业行政主管部门报告；收到报告的机关应当及时处理并报上一级人民政府和有关部门。发生重大农产品质量安全事故时，农业行政主管部门应当及时通报同级食品药品监督管理部门。

第四十二条　县级以上人民政府农业行政主管部门在农产品质量安全监督管理中，发现有本法第三十三条所列情形之一的农产品，应当按照农产品质量安全责任追究制度的要求，查明责任人，依法予以处理或者提出处理建议。

第四十三条　进口的农产品必须按照国家规定的农产品质量安全标准进行检验；尚未制定有关农产品质量安全标准的，应当依法及时制定，未制定之前，可以参照国家有关部门指定的国外有关标准进行检验。

第七章　法律责任

第四十四条　农产品质量安全监督管理人员不依法履行监督职责，或者滥用职权的，依法给予行政处分。

第四十五条　农产品质量安全检测机构伪造检测结果的，责令改正，没收违法所得，并处五万元以上十万元以下罚款，对直接负责的主管人员和其他直接责任人员处一万元以上五万元以下罚款；情节严重的，撤销其检测资格；造成损害的，依法承担赔偿责任。

农产品质量安全检测机构出具检测结果不实，造成损害的，依法承担赔偿责任；造成重大损害的，并撤销其检测资格。

第四十六条　违反法律、法规规定，向农产品产地排放或者倾倒废水、废气、固体废弃物或者其他有毒有害物质的，依照有关环境保护法律、法规的规定处罚；造成损害的，依法承担赔偿责任。

第四十七条　使用农业投入品违反法律、行政法规和国务院农业行政主管部门的规定的，依照有关法律、行政法规的规定处罚。

第四十八条　农产品生产企业、农民专业合作经济组织未建立或者未按照规定保存农产品生产记录的，或者伪造农产品生产记录的，责令限期改正；逾期不改正的，可以处二千元以下罚款。

第四十九条　违反本法第二十八条规定，销售的农产品未按照规定进行包装、标识的，责令限期改正；逾期不改正的，可以处二千元以下罚款。

第五十条　有本法第三十三条第四项规定情形，使用的保鲜剂、防腐剂、添加剂等材料不符合国家有关强制性的技术规范的，责令停止销售，对被污染的农产品进行无害化处理，对不能进行无害化处理的予以监督销毁；没收违法所得，并处二千元以上二万元以下罚款。

　　第五十一条　农产品生产企业、农民专业合作经济组织销售的农产品有本法第三十三条第一项至第三项或者第五项所列情形之一的，责令停止销售，追回已经销售的农产品，对违法销售的农产品进行无害化处理或者予以监督销毁；没收违法所得，并处二千元以上二万元以下罚款。

　　农产品销售企业销售的农产品有前款所列情形的，依照前款规定处理、处罚。

　　农产品批发市场中销售的农产品有第一款所列情形的，对违法销售的农产品依照第一款规定处理，对农产品销售者依照第一款规定处罚。

　　农产品批发市场违反本法第三十七条第一款规定的，责令改正，处二千元以上二万元以下罚款。

　　第五十二条　违反本法第三十二条规定，冒用农产品质量标志的，责令改正，没收违法所得，并处二千元以上二万元以下罚款。

　　第五十三条　本法第四十四条、第四十七条至第四十九条、第五十条第一款、第四款和第五十一条规定的处理、处罚，由县级以上人民政府农业行政主管部门决定；第五十条第二款、第三款规定的处理、处罚，由工商行政管理部门决定。

　　法律对行政处罚及处罚机关有其他规定的，从其规定。但是，对同一违法行为不得重复处罚。

　　第五十四条　违反本法规定，构成犯罪的，依法追究刑事责任。

　　第五十五条　生产、销售本法第三十三条所列农产品，给消费者造成损害的，依法承担赔偿责任。

农产品批发市场中销售的农产品有前款规定情形的，消费者可以向农产品批发市场要求赔偿；属于生产者、销售者责任的，农产品批发市场有权追偿。消费者也可以直接向农产品生产者、销售者要求赔偿。

第八章　附则

第五十六条　生猪屠宰的管理按照国家有关规定执行。

第五十七条　本法自 2006 年 11 月 1 日起施行。

安徽省全椒县推广中心 2013 年农业实用技术培训教师通讯录

姓名	职称/职务	工作单位	联系方式
杨德金	农艺师/主任	县农技推广中心	13955056489
葛道林	高级农艺师	县农技推广中心	13955050797
常永才	高级农艺师	县农技推广中心	13965635539
袁发华	农艺师	县农技推广中心	13637006801
彭守华	高级农艺师	县农技推广中心	13965960718
陈明桂	农艺师	县土肥站	13855082656
怀文辉	农艺师	农业行政执法大队	13855028056
孙　军	农艺师	县蔬菜办	18955059132
孙文平	高级农艺师	县农委	13505509217
刘轩武	高级农艺师	县植保站	13955052535
李先发	农艺师	县农委	13505507300
任德海	高级农艺师	县植保站	13965962605
韩银平	农艺师	农广校	13855026160
李文明	农艺师	农广校	13955058281
韦成贵	农艺师	十字农技综合站	1395630575
窦本善	农艺师	襄河农技综合站	13955052090
高　莉	农艺师	石沛农技综合站	13955052715
卢德清	农艺师	武岗农技综合站	13956321315
於成祥	农艺师	二郎口农技综合站	15855002596
方维国	农艺师	古河农技综合站	13515508588
高礼先	高级农艺师	西王农技综合站	13855061387
徐立友	农艺师	马厂农技综合站	13505507836
高明勇	农艺师	六镇农技综合站	13955050343
康佩章	农艺师	大墅农技综合站	13855056996